Die Milch.

Gemeinfaßliche Darstellung der Eigenschaften, Bestandteile
und Verwertung der Milch, der Versorgung der Städte
und der Ernährung durch Milch.

Die Milch.

Gemeinfaßliche Darstellung der Eigenschaften, Bestandteile und Verwertung der Milch, der Versorgung der Städte und der Ernährung durch Milch.

Von

Alexander Bernstein.

Springer-Verlag Berlin Heidelberg GmbH 1904

ISBN 978-3-662-32348-9   ISBN 978-3-662-33175-0 (eBook)
DOI 10.1007/978-3-662-33175-0

Einleitung.

—

Von den 70 verschiedenen Urstoffen, auch Elemente genannt, die einer gegenseitigen Umwandlung bisher nicht fähig sind, hat die Natur für den Menschen nur ein Dutzend verwendet. Es sind Stoffe, welche im freien Zustande Gase darstellen, oder solche feste Körper, die ein geringes spezifisches Gewicht haben; mit Ausnahme des Eisens, das im menschlichen Körper nur in sehr kleinen Mengen vorhanden ist. Dieser Umstand erleichtert uns das Fortkommen auf Erden in des Wortes buchstäblicher Bedeutung. Jedoch ist dies ein Vorzug, den der Mensch nicht allein besitzt. Die ganze Tierwelt ist aus denselben Stoffen aufgebaut und ebenso auch die Pflanzenwelt, die allerdings eine etwas größere Mannigfaltigkeit aufzuweisen imstande ist. Wenn auch ein Grashalm, ein Sperling und ein Elephant in ihrer Gestalt sehr verschieden sind, in der Retorte des Chemikers zeigt sich eine überraschende Gleichheit der Stoffe, welche zum Aufbau dieser Organismen gedient haben.

Die Einheitlichkeit der Schöpfung aller lebenden Gebilde kommt noch mehr zum Ausdruck, wenn man die Art der Verbindung dieser Urstoffe miteinander in Betracht zieht. Immer wieder treffen wir dieselbe Gruppierung von Elementen an, trotzdem die Chemie uns lehrt, daß einzelne dieser Stoffe eine fast unendliche Mannigfaltigkeit der Verbindungen auf=

weisen können. Je mehr wir den Kreis unserer Betrachtung auf einzelne Gattungen lebender Wesen einschränken, um so größer muß natürlich auch die erwähnte Übereinstimmung sein.

Die Säugetiere sind in ganz ähnlicher Weise aufgebaut; und da das wachsende junge Säugetier nichts anderes ist, als die in lebende Form umgewandelte Milch, so muß auch die Milch aller Säugetiere gleichartige Substanzen enthalten. Dies hat die chemische Analyse ergeben; nur die Mengenverhältnisse, in denen die verschiedenen Körper vorkommen, weichen bei den einzelnen Säugetieren ab.

In dieser Gleichartigkeit der Zusammensetzung liegt die Möglichkeit, die Milch eines Säugetieres für die Ernährung eines anderen zu verwenden. Für uns ist heute die Kuh=milch nach dieser Richtung hin unentbehrlich geworden. Man mag dies beklagen, aber es ist eine Tatsache, mit der wir uns abzufinden haben.

Im übrigen ist die Milch ein so interessanter Körper, und die Milchtechnik von so großer wirtschaftlicher Bedeutung, daß Verfasser glaubte, es könnte einen gebildeten Leserkreis interessieren, die Milch, die ein jeder von Ansehen kennt und von der die meisten so wenig wissen, etwas näher ihrem Wesen nach kennen zu lernen.

Die Darstellung hat die Form kurz gefaßter, zwangs=loser Erzählungen angenommen, macht keinen Anspruch auf Vollständigkeit und enthält gelegentliche Abschweifungen vom Thema im Belieben des Verfassers.

Erster Teil.

Die Entstehung der Milch im Euter der Kuh ist eine Fabrikation wunderbarer Art. Die Materialien, die hier verarbeitet werden, sind Blut und Lymphe sowie die Produkte von Drüsenbläschen, und das fertige Fabrikat ist Milch. Das Fabrikationsgeheimnis erscheint vorläufig noch so gut gesichert, daß ein Versuch zur Erklärung desselben hier nicht gemacht werden soll. Aus der Zusammensetzung der Milch nehmen wir an, daß ein Teil der Bestandteile nicht nur von den Drüsenbläschen gebildet, sondern direkt von diesen herstammt, während andere Stoffe aus dem Blute und der Lymphe entnommen sind.

Der Bau des Euters zeigt, daß das Drüsengewebe von vielen feinen Kanälen durchzogen ist, die in größere Kanäle einmünden, während letztere in vier Zisternen endigen. In diese Zisternen münden vier Zitzen, welche der Länge nach von einem feinen Kanal durchzogen sind, der unten durch einen Muskel geschlossen ist und so die Verbindung mit der Außenwelt absperrt.

Will man Milch durch Melken erhalten, so umschließt man den oberen Teil der Zitze mit dem Daumen und Zeigefinger, übt mit der Hand einen gelinden Druck gegen das Euter aus und unterbricht hierdurch die Verbindung der Zisterne mit dem Zitzenkanal. Durch allmählichen Druck nach unten vermittels Anschließen der anderen Finger wird der Schließmuskel gezwungen, sich zu öffnen, und die Milch spritzt heraus. Da mit beiden Händen gemolken wird, so werden gewöhnlich zuerst die beiden vorderen Zitzen ergriffen, sodann die beiden hinteren, und dies beim Nachmelken wiederholt, wobei noch weitere Griffe angewendet werden, um die Milch aus dem Euter in die Zisternen zu bringen. Das richtige Ausmelken ist durchaus keine leichte Sache und will gelernt sein.

Trotz des stoischen Gesichtsausdruckes sind die Kühe doch recht empfindliche Tiere. Ist die melkende Person der Kuh unangenehm, so hält sie die Milch zurück; auch starke Geräusche, welche die Kühe erschrecken könnten, müssen vermieden werden, wohingegen behauptet wird, daß das Singen eines Liedes von der Kuh dankbar anerkannt wird.

Es sind in den letzten Jahren mehrfach Versuche gemacht worden, die Handarbeit des Melkens durch Maschinen zu ersetzen, namentlich in Ländern wie Australien, in denen die Handarbeit teuer ist. Die Erfolge waren bisher wenig befriedigend, denn die Schwierigkeiten, die man hier vom mechanischen Standpunkte zu überwinden hat, sind außerordentlich groß, und die Apparate wurden zu kompliziert. Ein vollständiges Ausmelken in dieser Weise wird wohl niemals möglich sein, aber es wäre schon ein großer Vorteil, wenn man die Handarbeit auf das Nachmelken beschränken kann, und das dürfte sich wohl ermöglichen lassen.

Wir wollen nun annehmen, die Kuh sei gemolken, mischen das ganze Gemelk recht gut durcheinander und geben es einem Chemiker zur Analyse. Wenn die Milch gehaltreich war, so könnte das Resultat wie folgt ausfallen. Es sind darin enthalten: 3,4 Proz. Eiweißstoffe, 3,25 Proz. Fett, 4,6 Proz. Milchzucker und 0,75 Proz. Mineralstoffe, auch Salze genannt. Dies gibt zusammen 12 Proz., die man als Trockensubstanz bezeichnet im Gegensatz zu den übrig bleiben=

den 88 Proz., die Waffer find. Die große Menge des Wassers
wird niemand überraschen, der von der Zusammensetzung der
lebenden Organismen eine Vorstellung hat, denn das Wasser
ift nicht nur ein wesentlicher Bestandteil derselben, sondern
auch für die Zirkulation der Lebenssäfte unentbehrlich.

Wenn eine andere Kuh gemolken wäre und auch dieses
Gemelk untersucht würde, so müßte es ein ganz besonderer
Zufall sein, wenn das Resultat der Analyse in gleicher Weise
ausfällt. Dieselben Substanzen wären zum Vorschein gekommen, aber die Mengenverhältnisse verschieden, was sich
namentlich beim Fett bemerkbar macht.

Wir hätten es aber garnicht nötig gehabt, eine andere
Kuh zu melken, um Verschiedenheiten in der Zusammensetzung
der Milch zu erhalten; die eine Kuh genügt. Anstatt das
ganze Gemelk durch einander zu mischen, braucht nur jedes
Liter für sich aufgefangen und untersucht zu werden.

Man findet dann immer, daß das erste Liter sehr fett-
arm ist, jedes folgende einen höheren Gehalt an Fett auf-
weist, und die zuletzt gemolkene Milch den größten Fettgehalt besitzt.

Man kann sich die Verhältnisse in folgender Weise erklären. Die Kuh sondert zur Zeit der Ruhe sehr langsam
Milch ab. Gleichwie bei einer langsamen Filtration Fett
im Filter hängen bleibt, so verbleibt auch hier ein großer
Teil des Fettes an den Wandungen der feinen Kanäle
haften, und fettarme Milch fließt weiter, um beim Melken
zuerst zum Vorschein zu kommen. Während des Melkens
bildet sich durch den Nervenreiz eine an sich schon fettreichere
Milch als im Zustand der Ruhe, die außerdem durch ihre
rasche Strömung das zurückgebliebene Fett mitnimmt und
sich allmählich in der Zisterne ansammelt. Die angesam-

melte Milch wird auf diese Art immer fettreicher, sodaß man am Schluß des Melkens den höchsten Fettgehalt erhält.

Hieraus erklärt sich auch die Erfahrung, daß das Gemelk bei derselben Kuh verschieden ausfällt, wenn die Pausen, die zwischen den Melkzeiten eingehalten werden, von verschiedener Dauer sind. Ist seit dem letzten Melken längere Zeit verflossen, so hat sich mehr fettarme Milch angesammelt, man erhält beim Melken mehr Milch mit einem geringeren Prozentsatz an Fett; das Umgekehrte ist nach kurzen Pausen der Fall.

Dies alles bezieht sich aber nur auf das Gemelk einer einzelnen Kuh und nicht auf die Gesamtleistung verschiedener Kühe innerhalb 24 Stunden. Es gibt Kühe, die täglich viel Milch geben mit reichlichem Fettgehalt, und andere mit der entgegengesetzten Eigenschaft; wie überhaupt nach dieser Richtung hin die größten Verschiedenheiten vorhanden sind.

Die Zeit vom Kalben der Kuh bis zum Versagen der Milch nennt man die Laktationsperiode, sie beträgt durchschnittlich 300 Tage. In den ersten Tagen ist das Absonderungssekret, jetzt Biestmilch oder Kolostrum genannt, von gelblicher Farbe, hat einen salzigen Geschmack und eine klebrige Beschaffenheit. Man findet darin sehr viel Eiweiß, einen der Milch ähnlichen Fettgehalt und nur wenig Zucker, dagegen viel Salze.

Von Tag zu Tag ändert sich die Zusammensetzung der Biestmilch, und nach acht Tagen, mitunter früher oder später, entsteht dasjenige Produkt, welches wir als Kuhmilch bezeichnen.

Die Biestmilch ist für Kälber unentbehrlich, für Menschen nicht geeignet, und man hat daher ihren Verkauf verboten.

In den erſten Monaten pflegt die Milchleiſtung der Kühe zuzunehmen, ſpäter nimmt ſie wieder ab, um all= mählich ganz zu verſiegen. Die geſamte Milchleiſtung während eines Jahres kann ſehr verſchieden ausfallen. Bei manchen Tieren beträgt ſie das Vierfache ihres Eigengewichtes, bei anderen mehr, und als Ausnahmefall hat man auch das Sechzehnfache des Eigengewichtes einer Kuh an Milch während eines Jahres gemeſſen.

Bei Betrachtung dieſer Verhältniſſe darf man nicht ver= geſſen, daß die Kuh ſich heute nicht mehr nach dieſer Richtung hin im Naturzuſtande befindet. Schon von Urzeiten der Menſchheit her hat man ſicherlich Kühe gemolken; Milch und Käſe werden in den älteſten Urkunden erwähnt, die wir beſitzen. Das durch viele Jahrtauſende ſtattgefundene Melken mußte die Organe der Milchabſonderung dieſer Tiere immer mehr entwickeln; allerdings wohl auf Koſten der Entwicklung anderer Organe des Körpers, ſodaß man ſich über die Empfänglichkeit der Kühe für gewiſſe Krankheiten nicht wundern kann. Die Kühe bedürfen einer beſonderen Pflege, die ihnen in Ländern, deren Bevölkerung eine große Vorliebe für Tiere hat, auch reichlich zuteil wird. So hat man auf den engliſchen Kanalinſeln Jerſey und Guernſey die Pflege der Kühe zu einer nationalen Aufgabe gemacht und auf jeder Inſel eine beſondere Raſſe kultiviert, auf deren Leiſtung die Bevölkerung ſtolz iſt, ſodaß man die Einfuhr von Kühen anderer Raſſe nicht geſtattet, dahingegen einen erheblichen Export hat, namentlich nach den Ver= einigten Staaten. In Dänemark und in Holland, wo die Milchproduktion einen großen Teil des Nationaleinkommens liefert, erfreut ſich die Kuh großer Sorgfalt in der Pflege, und auch in Deutſchland hat man in den letzten Jahren erfreuliche Verbeſſerungen eingeführt.

Kehren wir zu den Bestandteilen der Milch zurück, wie wir sie vorläufig aus der früher angegebenen Analyse kennen. Wenn man sich eine Kunstmilch herstellt, in welcher diese Bestandteile in chemisch reinem Zustande miteinander vermischt werden, so sterben alle Tiere, welche ausschließlich ein solches Gemenge erhalten und zwar in verhältnismäßig kurzer Zeit. Hieraus können wir nur zweierlei Folgerungen ziehen. Entweder die oben angegebene Analyse ist noch unvollständig, oder es genügt das bloße Vermischen chemisch reiner Körper noch nicht, um ein vollständiges Nahrungsmittel herzustellen; hierzu sind auch gewisse chemische Beziehungen dieser Stoffe untereinander nötig, was man für das Verhältnis der Eiweißstoffe zu den Mineralkörpern als sicher annehmen kann.

Um daher Klarheit über die Beschaffenheit der Milch zu erhalten, wollen wir uns die Bestandteile derselben in ihrer Beziehung zu den Lebensbedürfnissen des Menschen näher ansehen.

Jeder Mensch hat dafür zu sorgen, daß die Temperatur seines Körpers möglichst konstant erhalten bleibt.

In dieser Notwendigkeit liegt in erster Linie der Kampf ums Dasein begründet, denn wenn auch der Lebensprozeß nicht nur in der Wärmeerzeugung besteht, so ist er doch wesentlich an diesen Vorgang gebunden.

Es gehört ferner zum Leben, daß man Muskelarbeit verrichtet, die teilweise von unserem Willen abhängig, teil-

weise auch unabhängig ist. Und schließlich muß der Gewichts=
verlust täglich ersetzt werden, wobei der wachsende Mensch
noch ein übriges zu tun hat. Der Mensch nimmt die Nah=
rung auf, um all diesen Erfordernissen zu genügen.

Man kann den Menschen mit einem Füllofen ver=
gleichen, der fortdauernd Wärme abgibt und von Zeit zu
Zeit mit Brennstoff versorgt wird, wobei immer ein Vorrat
von Brennmaterialien vorhanden ist, so daß der Ofen nicht
ausgeht, selbst wenn die Brennstoffversorgung einmal für
längere Zeit unterbrochen ist. Wir können einen Ofen mit
Kohle, wir können ihn aber auch mit Gas heizen, das fast
zur Hälfte aus einem sehr guten Brennmaterial, dem
Wasserstoff, besteht; denn 1 Kilo des letzteren erzeugt bei
seiner Verbrennung über 4 mal so viel Wärme als 1 Kilo
Kohlenstoff. Das macht sich auch in unsern Nahrungs=
mitteln bemerkbar, deren Kohle= und Wasserstoffgehalt, so=
weit derselbe nicht schon mit Sauerstoff verbunden ist, in
unserem Körper zur Verbrennung gelangt.

Um die Vorgänge bei der Ernährung besser beurteilen
zu können, bedient man sich eines, auch in der Technik
gebräuchlichen, Maßstabs für Wärme; das ist die Wärme=
menge, welche nötig ist, um die Temperatur von 1 Kilo
Wasser um 1 Grad zu erhöhen, die als 1 Calorie be=
zeichnet wird. Man kann dieses Maß nicht so bequem
anwenden wie einen Meterstab, aber man hat doch Me=
thoden, um die Wärme, die bei der Verbrennung eines
Körpers erzeugt wird, zur Erwärmung von Wasser zu
benutzen; und aus der Menge des Wassers und der Er=
höhung der Temperatur kann man die Anzahl der Calorien
berechnen, die dabei erzeugt worden sind. So lernt man
den Wert der Brennmaterialien und auch den Wert der
Nahrungsmittel nach dieser Richtung hin kennen.

Voit und Rubner haben durch Messungen festgestellt, daß ein erwachsener Mensch durchschnittlich täglich zirka 3000 Calorien an Wärme verliert und daher wieder ersetzen muß, um seine Temperatur konstant zu erhalten. In der Technik wäre dies ein sehr geringer Wärmebedarf, denn $\frac{1}{2}$ Kilo guter Kohle ist bei vollständiger Ausnutzung seiner Verbrennung imstande mehr Wärme zu liefern. Den Chemikern ist es bisher nicht gelungen, die billige Kohle so zu verarbeiten, daß wir sie zur Erwärmung unseres Körpers auch innerlich verwenden können, auch die Aussichten hierfür sind recht ungünstig, wir sind also auf die von Natur hergestellten Nahrungsmittel als Wärmequellen angewiesen; und darauf hin wollen wir uns drei der wesentlichen Bestandteile der Milch ansehen.

Wir beginnen mit dem Milchzucker. Dem Aussehen nach jedem bekannt, weiß man auch von dieser Zuckerart, daß sie nur wenig süßende Wirkung hat. Das macht den täglichen Genuß der Milch angenehmer, denn allzusüße Getränke sind auf die Dauer nicht schmackhaft.

Uns interessiert zunächst die Zusammensetzung des Zuckers, aus der sich auch gleich seine Bedeutung ergibt.

Mischt man Lampenruß mit Wasser, so hat man alle Bestandteile zusammen, die im Zucker enthalten sind. Es ist also Kohlenstoff, Wasserstoff und Sauerstoff, und zwar sind die beiden letzten Substanzen in demselben Verhältnis im Zucker enthalten wie im Wasser; das heißt mit anderen Worten, der Wasserstoff ist bereits verbrannt, er hat allen Sauerstoff aufgenommen, mit dem er sich verbindet, wodurch dann Wasser entsteht. Es wird niemand in Versuchung kommen, diese Mischung auf ihren Nährwert erproben zu wollen, aber der Vergleich hat den Vorteil, die Zusammensetzung des Zuckers genügend zu erläutern, um den Heiz-

wert klarzustellen. Hier ist der Kohlenstoff noch ver=
brennungsfähig.

Man hat durch Versuche festgestellt, daß 1 Gramm
Zucker 4,1 Calorien bei seiner Verbrennung erzeugt; in der
früher betrachteten Kuhmilch waren 4,6 Proz. Milchzucker
enthalten, also im Liter 46 Gramm Zucker.

Wenn jemand einen Liter dieser Milch trinkt, so hat er
$46 \times 4,1 = 188$ Calorien als Wärmevorrat aus dem Zucker
in seinem Körper aufgenommen.

Wir wenden uns zunächst dem Fette zu. Wenn sich
der Leser die Mühe machen will, etwas Seife in warmem
Wasser aufzulösen, wie man dies tut, um Seifenblasen her=
zustellen, diese Lösung in ein Fläschchen gießt und wenig
Öl, z. B. Rüböl hinzufügt, so kann er eine interessante
Beobachtung machen. Das Öl bedeckt das Wasser mit
einer gelben Schicht. Verschließt man die Flasche und
schüttelt, so findet eine vollständige Veränderung der Flüssig=
keit statt. Das Öl ist scheinbar verschwunden, und es ist
eine weiße Mischung entstanden, die der Milch täuschend
ähnlich sieht. Das Öl befindet sich nun in der Seifen=
lösung in äußerst feiner Verteilung, es bildet eine Emulsion,
wie man derartige Verteilungen zu nennen pflegt. Das=
selbe gilt auch für das Fett der Milch, wobei an Stelle
der Seifenlösung die Eiweißlösung tritt, die wir später be=
trachten werden.

Die Milch enthielt nach unserer früheren Annahme
3,25 Proz. Fett, also 32,5 Gramm im Liter, und diese
geringe Menge verteilt sich darin in 2000 bis 5000 Mil=
liarden Fettkügelchen, deren Kleinheit aus diesen Zahlen
hervorgeht.

Dabei sind diese Kügelchen nicht alle von gleicher
Größe, sondern die größten haben etwa den zehnfachen

Durchmesser der kleinsten Kügelchen. Jeder einzelne Fett=
tropfen, der natürlich nur unter einem Mikroskop sichtbar
ist, besteht aus einer Mischung verschiedenartiger Fette.

Es soll versucht werden, auch über die Zusammensetzung
dieser Fette eine grobe Vorstellung zu geben, wie dies beim
Milchzucker geschah. Denkt man sich eine Stearinkerze mit
Glyzerin überzogen, so hat man bereits wesentliche Be=
standteile des Milchfettes, nur mit dem Unterschied, daß
diese Substanzen sich nicht nebeneinander befinden, sondern
chemisch miteinander verbunden sind, wodurch sie neue
und mehr schmackhafte Eigenschaften erhalten. Die Stearin=
kerze besteht aus zwei Säuren, der Palmitin= und der
Stearinsäure, zu denen allerdings in der Fabrikation der
Kerze noch etwas Paraffin gemischt wird, was uns hier
nicht interessiert.

Will man sich davon überzeugen, daß die Kerze aus
Säuren besteht, so braucht man sie nur anzuzünden und in
die geschmolzene Fettsäure blaues Lackmuspapier zu tauchen;
das Papier färbt sich dann rötlich.

Das Milchfett besteht aber nicht nur aus einer chemi=
schen Verbindung dieser Säuren mit Glyzerin, sondern es
befinden sich darin auch Verbindungen mit anderen Säuren,
wie Oleïnsäure, Buttersäure, Kapronsäure, Kaprylsäure usw.
Letztere sind flüssig und daher hat das ganze Gemisch die
weiche Konsistenz, die der Butter eigentümlich ist.

Die chemische Analyse zeigt ferner, daß das Fett wie
der Zucker aus Kohlenstoff, Wasserstoff und Sauerstoff
besteht, mit dem Unterschied jedoch, daß die Menge des
Sauerstoffs zu den beiden anderen Substanzen hier viel
geringer ist als im Zucker; das bedeutet, daß hier mehr ver=
brennungsfähiges Material vorhanden ist. Nach Rubner
erhält man aus jedem Gramm Fett 9,3 Calorien.

Der betreffende Jemand, der ein Liter der früher beschriebenen Milch getrunken hat, bekommt also noch

$$32,5 \times 9,3 = 302 \text{ Calorien},$$
$$\text{mit den früher erwähnten } 188 \quad \text{,,}$$
$$\text{zusammen } 590 \text{ Calorien}$$

als Wärmevorrat in seinen Körper.

Soweit hatten wir es mit Stoffen zu tun, über die der Chemiker uns volle Auskunft geben konnte, die darin besteht, daß man nicht allein weiß, aus welchen Urstoffen eine Substanz besteht, sondern sich auch über die Art ihrer Gruppierung miteinander klar ist. Wenn wir nun zu den Eiweißstoffen gelangen, so sind wir nicht mehr in dieser günstigen Lage; hier kennt man nur die Urstoffe, aus denen die Eiweißkörper bestehen, uud das sind wieder Kohlenstoff, Wasserstoff und Sauerstoff, dazu kommt nun Stickstoff sowie eine kleine Menge von Schwefel und in einzelnen Fällen auch Phosphor.

Der Stickstoff ist der eigentlich charakteristische Bestandteil des Eiweiß. In beliebigen Quantitäten im freien Zustande in der Atmosphäre zu unserer Verfügung, zahlen wir doch jährlich Millionen an das Ausland für eine so einfache Verbindung des Stickstoffes, wie sie der Salpeter enthält, und in der komplizierten Verbindung des Eiweiß bildet er für uns das im allgemeinen teuerste Nahrungsmittel, dessen künstliche Herstellung ohne Mitwirkung einer lebenden Zelle wohl immer ein unerfüllbarer Traum bleiben wird.

Wir finden in der Milch die Eiweißkörper in verschiedenen Zuständen, man hat auch verschiedene Arten derselben festgestellt; für die Zwecke unserer Betrachtung wollen wir uns damit begnügen, sie in zwei Gruppen einzuteilen, nämlich in die Albuminstoffe und die Kaseinstoffe. Die letzteren sind an Kalk gebunden, und ein Teil derselben scheint in Form einer Doppelverbindung von phosphorsaurem Kaseinkalk vorhanden zu sein.

Der Brennwert des Eiweiß ist nicht wesentlich von dem des Zuckers verschieden, hier soll er als gleich groß angenommen werden. Da die Milch nach unserer Annahme 3,4 Proz. Eiweiß enthielt, so sind in einem Liter $34 \times 4,1 = 139$ Calorien disponibel. Hierzu die bereits berechneten 590 Calorien, gibt in Summa 730, und dies ist alles, was sich beim Trinken der Milch erhalten ließe, wenn die Nahrungsstoffe im Körper vollständig ausgenützt würden. Man kann für Kuhmilch einen Verlust von 8 Proz. annehmen und sieht daher, daß ein erwachsener Mensch durch ein Liter Milch mehr als ein Fünftel seines täglichen Wärmebedarfes decken könnte. Hierbei muß man sich nicht die Vorstellung machen, daß diese Wärme nun auch gleich zum Vorschein kommt. Der Wärmevorrat oder, was dasselbe sagen will, der Kraftvorrat der Nahrungsmittel, durch die sich der Mensch gestärkt fühlt, wird der größeren Menge nach aufgespeichert und kommt allmählich je nach Bedarf zur Ausnutzung. Zum Teil, indem sich dieser chemische Kraftvorrat der Nahrungsmittel zuerst in mechanische Arbeit der Muskeln umsetzt, und wenn auch diese wieder in Wärme übergeht, so kommt doch dies dem Körper nur teilweise zugute, sodaß auch hierdurch die obige Rechnung eine Veränderung erleidet, die davon abhängt, ob sich der Mensch in Ruhe befindet oder Muskelarbeit leistet. Um sich das letztere klar zu machen, braucht man sich nur vorzustellen, daß jemand mit einer Säge Holz zerkleinert; das Sägeblatt wird warm, und die Quelle dieser Wärme liegt in den Nahrungsmitteln, die der

Betreffende zu sich genommen und durch seine Muskelarbeit auf das Sägeblatt übertragen hat.

Wenn man die Milch nicht kalt, sondern warm trinkt, so erhält man noch etwas mehr Wärme, doch ist der Vorgang hier anderer Art, nämlich eine direkte Übertragung, die sofort eintritt, aber nicht vorhält und auch nicht bedeutend ist. Jeder, der die frühere Erklärung der Calorie verstanden hat, kann die Rechnung in diesem Falle leicht anstellen, indem man annimmt, daß die Milch sich annähernd so verhält wie Wasser.

Die Mineralstoffe der Milch stehen mehr oder weniger in Beziehung zu den Eiweißstoffen, sodaß die Beschaffenheit der letzteren auch wesentlich von der Anwesenheit der Mineralstoffe abhängt. Vom Kalk sahen wir bereits, daß er direkt mit dem Kasein verbunden ist und in dieser Form wohl bestimmten Zwecken der Ernährung dient, während andererseits auch Kalk mit Phosphorsäure allein verbunden, teils im gelösten, teils im ungelösten Zustande in der Kuhmilch vorkommt.

Alle Mineralstoffe, die das junge Säugetier nötig hat, finden sich in der Milch; das sind außer dem eben im Kalk enthaltenen Kalcium, das Natrium, Kalium, Magnesium und Eisen. Für die Art der Aufnahme dieser Substanzen in der sich bildenden Milch ist es wesentliche Bedingung, daß sie in einer solchen Form und in solchen Mengen stattfindet, daß hierdurch eine Gerinnung der Milch nicht erfolgt; der Zustand ist dabei ein so labiler, daß in der gemolkenen Milch schon geringe Veränderungen der Mineralstoffe Gerinnung des Eiweiß bewirken können.

Bei dem Gang der chemischen Analyse werden diese Verbindungen zerstört, sodaß man später nur vermuten kann, wie solche ursprünglich vorhanden waren. Da außer der erwähnten Phosphorsäure auch Zitronensäure, von Henkel zuerst nachgewiesen, und Kohlensäure in der Milch gefunden werden, so verteilt man die gefundenen Stoffe auf diese Säuren; außerdem ist das Natrium auch mit Chlor verbunden als Kochsalz vorhanden und auch eine Chlorverbindung des Kaliums muß angenommen werden.

Wenn man die Milch verbrennt und die Asche, in der sich die Mineralstoffe nun befinden, mit der Asche eines neu geborenen Säugetieres vergleicht, für welches die Milch bestimmt war, so ergibt sich eine sehr gute Übereinstimmung in den relativen Mengenverhältnissen der Aschenbestandteile; nur das Eisen macht hiervon eine Ausnahme, von diesem ist in der Milch zu wenig enthalten.

Diese sonderbare Erscheinung, welche von Bunge beobachtet wurde, hat dieser auch aufgeklärt, indem er nachwies, daß das junge Säugetier schon bei seiner Geburt einen großen Vorrat von Eisen für seinen späteren Bedarf erhalten hat, der in der Leber aufgespeichert ist und allmählich zur Ausgabe gelangt, bis das Säugetier in der Lage ist, andere mehr eisenhaltige Nahrung aufzunehmen. Man fragt sich verwundert, was wohl Veranlassung zu einer derartigen Anordnung, die in der Natur immer wohl begründet ist, gegeben haben konnte. Die Annahme, daß in dieser Weise das nötige Eisen für das junge Säugetier am besten gesichert war, da es sonst im Darm ein Raub der Bakterien hätte werden können, hat wenig Überzeugendes, denn man könnte dasselbe auch von anderen Bestandteilen der Milch sagen. Wahrscheinlicher klingt es, daß das Eisen nur in seiner Verbindung mit Albumin dem Körper zugute kommen kann, und von dieser Verbindung nur geringe Mengen in Lösung erhalten werden konnten. Größere Mengen von Eisen wurden Gerinnung der Milch bewirkt haben, waren daher von der Aufnahme ausgeschlossen.

In der Milch befinden sich in sehr geringen Mengen zwei Substanzen, von denen man früher nur den Namen zu erwähnen pflegte, ohne ihnen irgend welche Bedeutung beizulegen; sie heißen Lezithin und Cholesterin. Der erstere Körper ist den Fettstoffen verwandt, deren wesentliche Bestandteile er enthält, dazu aber noch einen stickstoffhaltigen Körper und Phosphorsäure. Was dem Lezithin ein besonderes Interesse verleiht, ist nicht nur, daß es sich in allen lebenden Zellen findet, sondern ganz besonders in solchen Zellen, welche unsere geistige Arbeit verrichten, also in den Denkzellen des Gehirns.

Ebenso verbreitet ist das Cholesterin, das im Blute und anderen Flüssigkeiten des tierischen Körpers zu finden ist. Es hat Eigenschaften, die dem Glyzerin ähnlich sind, das heißt es kann sich mit Fettsäuren, die früher erwähnt wurden, wie Palmitinsäure und Stearinsäure, zu Fetten verbinden. Von solchen Fetten kennt der Leser wohl das Wollfett, das unter dem Namen Lanolin verkauft wird. Diese Art Fette werden von der Haut des tierischen Körpers abgeschieden, sie werden an der Luft nicht ranzig wie das Butterfett und sollen ein gutes Schutzmittel gegen das Eindringen von Bakterien sein.

Man hat in der Milch auch Spuren von Substanzen gefunden, die man als Zerfallprodukte des Eiweiß betrachten kann und die für die Ernährung ohne Bedeutung zu sein scheinen. Beim Melken gelangt Luft in die Milch, und auch freie Kohlensäure ist darin enthalten. Aus den Pflanzen, die als Futter gedient haben, stammen mitunter auch Spuren von anderen Mineralstoffen, die vorher nicht erwähnt waren. Sehr wesentlich ist, daß Geschmack und Geruchsstoffe der

Milch durch die Beschaffenheit des Futters und wahrscheinlich auch durch die Luft beeinflußt sind, in der sich die Kühe befinden. Die chemische Analyse läßt uns hier vollständig im Stich, doch der Wert der Milch als Nahrungsmittel ist von diesen Eigenschaften sehr abhängig. Erhält die Kuh Arzneien oder verzehrt sie giftige Kräuter, so hat auch dies Einwirkung auf die Milch; wie überhaupt alles, was in den Körper des Tieres gelangt, in der Milch zum Vorschein kommen kann.

Der Leser wird wohl die Vorstellung erhalten haben, daß die Milch ein sehr komplizierter Stoff ist.

———

Von dem berühmten Chemiker Liebig rührt die An= schauung her, daß die Eiweißstoffe der Nahrung dazu be= stimmt sind, dem Aufbau der lebenden Substanz des Körpers zu dienen, während die Fette und die Zuckerstoffe, welche letztere auch Kohlehydrate genannt werden und zu denen die Stärke gehört, das Material geben, welches als Wärme und Kraftquelle benutzt wird. Wird auch diese Scheidung heute nicht mehr in vollem Umfange aufrecht erhalten, so findet doch der, dieser Anschauung zugrunde liegende, Gedanke eine sehr gute Bestätigung in der Milch verschiedener Tiere, wenn man die Bedürfnisse des jungen Säugetieres in Be= tracht zieht.

Es ist von Interesse für uns, über diesen Zusammen= hang klar zu werden, denn bei Verwendung der Kuhmilch für die Ernährung des Säuglings sind die Kenntnisse, die aus diesen Betrachtungen gewonnen werden, eine wesentliche Grundlage.

Zu diesem Zwecke wollen wir zuerst die Zusammensetzung der Frauenmilch kennen lernen. Daß die Frauenmilch alle diejenigen Substanzen enthält, welche wir im Vorangegangenen in der Kuhmilch gefunden haben, muß nach dem, was früher über die Einheitlichkeit in der Schöpfung erwähnt wurde, als selbstverständlich angesehen werden. So wenig aber, wie wir in der Kuhmilch von feststehenden Mengenverhält=nissen der einzelnen Bestandteile haben sprechen können, so wenig können wir dies auch in der Frauenmilch. In den Veröffentlichungen hierüber befinden sich große Abweichungen, was sich zum Teil daraus erklärt, daß der Zeitpunkt seit der Geburt des Kindes nicht immer angegeben ist und andere Nebenumstände nicht berücksichtigt sind. Die nachfolgenden Zahlen sind daher auch nur als ein Mittel zu betrachten, unter der Annahme eines Zeitpunktes von 4 Wochen nach der Geburt des Säuglings. Die Milch enthält alsdann:

Kasein 0,6 Proz., Albumin 1,2 Proz., Fett 3,9 Proz., Zucker 6,2 Proz., Mineralstoffe 0,3 Proz., also noch 87,7 Proz. Wasser.

Da Kasein und Albumin hier zusammen 1,8 Proz. be=tragen, während der Eiweißgehalt der Kuhmilch als 3,4 Proz. angegeben wurde, wobei hier noch nachträglich erwähnt werden soll, daß davon 2,7 Proz. Kasein und 0,7 Proz. Albumin sind, so ergibt sich zwischen beiden Milchsorten ein wesentlicher Unterschied. Derselbe wird verständlicher, wenn man gleichzeitig die Milch anderer Tiere und dabei auch die Wachstumsgeschwindigkeit der jungen Säugetiere mit berück=sichtigt, wie dies in Arbeiten aus dem Laboratorium von Bunge geschehen ist. Die Zeit, in der ein Tier nach der Geburt sein Gewicht verdoppelt, ist ja bekanntlich sehr ver=schieden und kann wie folgt angenommen werden: beim Kind 6 Monate, Fohlen 2 Monate, Kalb 6½ Wochen,

Ziege 3 Wochen, Ferkel 14 Tage, Schaf 15 Tage und Hund 8—9 Tage.

Gemäß der Anschauung von Liebig ist hiermit der Ge= samteiweißgehalt der Milch verglichen worden; es soll aber hier aus Gründen, deren Erläuterung zu weit führen würde, nur der Kaseingehalt berücksichtigt werden. Dieser zeigt sich wie folgt: In der Menschenmilch 0,6 Proz., Stutenmilch 1,3 Proz., Kuhmilch 2,7 Proz., Ziegenmilch 3 Proz., Schweine= milch 3,7 Proz., Schafsmilch 4 Proz. und Hundemilch 5 Proz.

Man sieht, daß eine Beziehung hier klar zutage tritt; je schneller das junge Säugetier wachsen soll, um so mehr ist auch für Kasein in der Milch gesorgt.

Doch auch nach anderer Richtung hin zeigt sich, wie die Zusammensetzung der Milch den Bedürfnissen der Tiere ent= spricht. Wir wissen, daß die Menschen in den nördlichen Ländern ein großes Bedürfnis für fetthaltige Nahrung haben, und dies erklärt sich auch sehr leicht aus dem, was früher über den hohen Wärmewert des Fettes gesagt worden ist; während in südlichen Ländern eine zuckerhaltige Nahrung vorgezogen wird.

Wie in der Milch diesen Verhältnissen Rechnung ge= tragen wird, geht aus nebenstehender Tabelle hervor.

Daß im Wasser lebende Säugetiere bei der stark ab= kühlenden Wirkung des Wassers ein noch viel größeres Wärmebedürfnis haben als auf dem Lande lebende Tiere, liegt in der Natur der Verhältnisse. So findet man denn auch bei den Delphinen den enormen Fettgehalt der Milch von 45 Proz.; jeder Butterfabrikant wird bedauern, daß sich diese Tiere nicht melken lassen.

Der Zusammenhang zwischen Fettgehalt und den klimati= schen Erfordernissen ergibt sich sehr deutlich, wenn man die

Beschaffenheit der Renntiermilch mit der Kamelsmilch vergleicht. Hier haben wir es mit Tieren zu tun, die ihren ursprünglichen Wohnort nicht verlassen zu haben scheinen.

Man muß wohl für jede Tiergattung einen bestimmten Ursprungsort auf der Erde annehmen, und nur den dort vorhandenen klimatischen Verhältnissen entspricht die Zusammensetzung der Milch, die sich nicht zu ändern scheint, wenn auch das betreffende Tier eine Wanderung auf der Erde antritt, während das Klima nach anderer Richtung hin bekanntlich sehr verändernd einwirkt. Ein Beispiel hiervon bietet der Elephant, von dem wir wissen, daß diese Tiergattung in einer früheren Periode im Norden heimisch war, die aber jetzt im Süden zu finden ist; trotzdem ist der Fettgehalt der Elephantenmilch sehr hoch, nämlich 20 Proz.

	Fett	Zucker
Renntiermilch	17	2,8
Hundsmilch	11,6	3
Schafsmilch	10,4	4,2
Ziegenmilch	4	3,9
Menschenmilch	3,9	6,2
Kamelsmilch	3	5,8
Stutenmilch	1,2	5,3

Wenn die Milch in dieser Weise unveränderlich ist, kann sie auch zur Klärung der so viel diskutierten Rassenfrage der Menschen beitragen. Würde die Untersuchung eine Uberein=

ſtimmung im Verhältnis von Fett zu Zucker ergeben, ſo hat
man Urſache, einen gemeinſamen Urſprung aller Raſſen an=
zunehmen. Treten beſtimmte Verſchiedenheiten hervor, ſo iſt
eine getrennte Abſtammung ſehr wahrſcheinlich. Das zur
Beantwortung dieſer Frage erforderliche Material liegt heute
noch nicht vor.

Dieſe Betrachtung beſchließend, ſoll noch der Lezithin=
gehalt kurz berückſichtigt werden. Hier hat ſich gezeigt, daß
derſelbe in der Frauenmilch im Verhältnis zum Kaſein be=
deutend größer iſt als in der Kuhmilch. Nach dem, was
früher über Lezithin geſagt worden iſt, wird es verſtändlich,
daß in dieſer Weiſe auch für die ſtärkere geiſtige Entwicklung
des Kindes gegenüber dem Kalbe geſorgt iſt. Es iſt alſo
die Milch jedes Tieres immer nur für dieſelbe Tiergattung
beſtimmt und geeignet.

Wir kehren zur Kuhmilch zurück und wollen mit der=
ſelben einige Experimente anſtellen, die ſich im Hauſe be=
quem ausführen laſſen. Koſtſpielige Laboratoriumseinrich=
tungen ſind für unſere Zwecke nicht erforderlich. Es genügen
vier Waſsergläſer, zwei Stück dichtes Leinenzeug zum Filtrieren,
eine Zitrone und etwas Brennſpiritus.

Eines der Gläſer wird bis knapp zu einem Viertel der
Höhe mit Milch gefüllt, dann dreimal ſoviel Waſſer zu=
gefügt, da die Erſcheinungen, die wir beobachten wollen, in
der verdünnten Milch beſſer hervortreten. Man läßt nun
von dem Safte der Zitrone ſoviel in die Milch gelangen,
indem man dabei rührt, bis eine vollſtändige Gerinnung
eingetreten iſt, und läßt das Gerinnſel ſich etwas zu Boden
ſetzen. Was hier ſtattgefunden hat, erklärt ſich in folgender
Weiſe. Das Kaſein, das in der Milch durch ſeine Ver=
bindung mit Kalk gelöſt war, iſt durch Zuſatz einer ſo
ſtarken Säure, wie die Zitronenſäure, aus dieſer Verbindung

ausgeſchieden und in einen ungelöſten Zuſtand übergegangen. Die Flüſſigkeit iſt jetzt eine verdünnte Molke, die allerdings durch einen großen Säurezuſatz ebenfalls etwas verändert iſt. In dieſer Molke befinden ſich die gelöſten Stoffe der Milch, das ſind der Milchzucker und der größte Teil der Mineralſtoffe, ferner auch die Albuminſtoffe, die wir nun ſichtbar machen wollen.

Wir filtrieren etwas von der Molke in ein anderes Waſſerglas vermittels eines darüber gelegten Leinentuches, bis wir nahezu ein Viertel des Glaſes mit Molke erhalten haben, und gießen nun eine gleiche Menge Brennſpiritus hinzu. Anfänglich iſt keine Veränderung ſichtbar, aber nach einiger Zeit bemerkt man, namentlich wenn man das Glas ſchräg hält, daß von neuem eine Gerinnung von Eiweiß ſtattgefunden hat. Zuerſt bilden ſich kleine Flöckchen, ſie nehmen an Größe zu, und nach einiger Zeit bildet ſich in dem ruhig ſtehenden Glaſe ein voluminöſer Niederſchlag. Das iſt geronnenes Albumin der Milch. Die darüber be= findliche Flüſſigkeit iſt faſt klar.

Wird dieſer Verſuch mit gekochter Milch wiederholt, ſo läßt ſich eine Veränderung der Milch durch Kochen nach= weiſen. Man läßt nach dem Kochen die Milch wieder ab= kühlen, gießt ebenſoviel wie vorher in ein Waſſerglas, ver= dünnt in derſelben Weiſe und verfährt mit dem Zuſatz des Zitronenſaftes, der Filtration und der Zufügung von Brenn= ſpiritus, wie dies bei der rohen Milch geſchehen war, nur muß man in der Filtration recht ſorgfältig ſein, ſodaß die Molke kein geronnenes Kaſein enthält. Auch hier bewirkt der Spiritus eine Gerinnung der Molke, ſie iſt aber viel ſchwächer, und wenn man die beiden Gläſer ſpäter vergleicht, bemerkt man, daß der Niederſchlag viel geringer iſt, als in der nicht erhitzten Milch der Fall war.

Das Kochen muß also das Albumin der Milch ver=
ändert haben, sodaß nun in dem Filtrat weniger davon
enthalten war. Erhitzt man Milch bis zum Kochpunkt, so
hat das Albumin das Bestreben, aus dem gelösten Zustande
in einen ungelösten überzugehen. Der Übergang kann sich
aber nicht vollständig vollziehen, denn das im gequollenen
Zustande befindliche Kasein verhindert ein weiteres Zu=
sammenziehen des Albumins, sobald das letztere bei seiner
allmählichen Verdichtung nun selbst in den gequollenen Zu=
stand des Kaseins gelangt ist. Hier endigt die Veränderung
des Albumins, das nun physikalisch vom Kasein nicht zu
unterscheiden ist, beim Zusatz der Zitronensäure mit aus=
gefällt wurde, sodaß in der Molke der erhitzten Milch nur
noch wenig davon zu finden war.

So liegen die Verhältnisse in der Kuhmilch, in der
viel mehr Kasein als Albumin vorhanden ist; in solchen
Fällen aber, wie in der Frauenmilch, in denen das Albumin
reichlich vertreten ist, kann man eine Veränderung des Aus=
sehens beim Erhitzen durch Verdichtung des Albumins deut=
lich bemerken.

Andere Einflüsse, welche das Erhitzen hat, lassen sich
mit unserer beschränkten Laboratoriumseinrichtung nicht nach=
weisen. Von den gelösten Kalksalzen geht ein Teil in einen
ungelösten Zustand über. Der Milchzucker verändert sich
etwas unter Einwirkung der Alkalien der Milch und bewirkt
eine Bräunung, die umso mehr hervortritt, je stärker erhitzt
wird. Es wird behauptet, daß sich das Lezithin teilweise
zersetzt, doch ist dies nicht mit Sicherheit erwiesen.

Jeder bemerkt beim Erhitzen der Milch, daß sich auf
derselben eine Haut bildet. Das ist keine Sahne, wie viel=
fach geglaubt wird, sondern geronnenes Eiweiß mit reich=
lichem geschmolzenen Fett. Die Bildung der Haut, die

jedenfalls schwer verdaulich ist, sollte verhindert werden,
was leicht geschehen kann, wenn man die Oberfläche der
Milch sowohl beim Erhitzen wie auch beim Abkühlen in
Bewegung hält, bis die Temperatur wieder auf etwa 50°
herunter gegangen ist.

Es wird dem Leser wohl auffallen, daß bei diesen
Versuchen mit der Milch das Fett derselben nicht zum Vor=
schein gekommen ist. Es verschwand scheinbar, als der
Zitronensaft zugesetzt wurde, indem die in feinster Verteilung
befindlichen Fettkügelchen von dem sich zusammenziehenden
Kasein mechanisch mit eingeschlossen wurden und so unsicht=
bar in den Niederschlag gelangten.

Man kann das Fett sichtbar machen, indem man das
Kasein zuerst koaguliert und sogleich wieder auflöst, nach
einem Verfahren, welches Verfasser für die Herstellung von
optischen Apparaten zur Prüfung der Milch benutzt.

Um diesen Versuch zu machen und damit den Einfluß
des Fettes auf das Aussehen der Milch klarzustellen, benutzt
man Vollmilch, das ist solche mit vollem Fettgehalt, und
Magermilch, die nur noch Spuren von Fett enthält.

Man gießt von jeder Sorte eine geringe Menge in ein
weißes Weinglas und fügt von Essigessenz, die in jeder
Drogenhandlung käuflich ist, reichlich ebensoviel hinzu, als
Milch im Glase ist, dabei rührt man um, bis alle Kasein=
flöckchen, die sich gebildet haben, wieder gelöst sind. Wäh=
rend beide Milchsorten vorher undurchsichtig waren, tritt
nun ein bedeutender Unterschied zutage. Die Magermilch=
lösung ist durchsichtig geworden, die Vollmilchlösung aber
undurchsichtig und weiß geblieben, und zwar durch die Wirkung
der Fettkügelchen, die hier in derselben feinen Verteilung sind
wie in der Milch. Die Säure hat das Kasein aufgelöst
und in eine durchsichtige, gallertartige Substanz verwandelt,

in der die Fettkügelchen für einige Zeit in dem ursprünglichen Zustand der Emulsion verbleiben, welcher auf das
Aussehen der Milch dieselbe Wirkung ausübt, die bei dem
früher angestellten Experiment mit der Seifenlösung beschrieben war. Die weiße Farbe der Milch rührt daher
sowohl vom Kasein als auch vom Fette her.

———

In Berlin fand vor einigen Jahren eine Gerichts-
verhandlung statt, in welcher eine Milchhändlerin angeklagt
war, der Milch an einem heißen, schwülen Sommertage
Brennnesseln zugesetzt zu haben, um das Sauerwerden zu
verhindern. Die Frau wurde freigesprochen, sie war einem
alten überlieferten Gebrauche gefolgt, es ließ sich auch nicht
nachweisen, daß hierdurch ein Schaden entstanden war,
freilich auch kein Nutzen, denn die Milch wurde trotzdem
sauer.

Wenn man an frühere Zeiten zurückdenkt, so werden
derartige Maßregeln erklärlich, denn es war ganz unmöglich
sich von der Ursache des Sauerwerdens eine Vorstellung zu
machen. Man wußte wohl, daß man die Milch durch
Erhitzen haltbarer machen kann, im Winter zeigte sich auch
der günstige Einfluß der Kälte; aber gerade der Umstand,
daß einerseits Wärme und andererseits Kälte zur Konser-
vierung beitrug, mußte den Sachverhalt um so verwickelter
erscheinen lassen.

Erst die epochemachenden Arbeiten von Pasteur und
Robert Koch haben hier Licht geschaffen. Es zeigte sich,

daß das Sauerwerden der Milch nur ein besonderer Fall der Wirkung von Organismen ist, deren Kleinheit, Mannigfaltigkeit ihrer Lebensäußerung und Allgegenwart das Staunen unserer Zeit erregt haben.

Anfänglich hatte die ganze Gattung, Bakterien genannt, einen sehr schlechten Ruf, da einzelne von ihnen einen schädlichen Einfluß auf unsere Gesundheit haben, und wir ja gewohnt sind, die Einrichtungen in der Natur vom Standpunkt unseres Interesses zu betrachten. Allmählich wurde man eines besseren belehrt. Es zeigte sich, daß die Bakterien von großem Nutzen im Haushalt der Natur sind, ja daß nur durch ihre Mitwirkung aus dem toten Leben ein neues erwachen kann, indem sie die abgestorbene Materie so weit zersetzen, daß diese von den Pflanzen von neuem zum Aufbau von Nährstoffen benutzt werden, die für unsere Existenz erforderlich sind.

Nachdem nun so die Existenzberechtigung der Bakterien erwiesen ist, wollen wir uns dieselben näher ansehen. An Äußerlichkeiten wollen wir uns nicht halten; erstens sagt man ja, sie seien im Leben unwesentlich und sodann haben die Bakterien nach dieser Richtung hin wirklich nicht viel aufzuweisen. Für unsere Betrachtung ist auch gleichgültig, ob diese Organismen rund sind oder stäbchenförmig, in welchem Falle man sie Bazillen genannt hat, oder spiralförmig, ob sie einzeln oder zusammenhängend durchs Leben wandern, ob sie unbeweglich sind oder ein lebhaftes Temperament haben; viel wesentlicher für uns ist ihre Gefräßigkeit und Intensität, mit der sie auf Fortpflanzung ihrer Art bedacht sind. Die erstere Eigenschaft erklärt sich daraus, daß die Bakterie nichts weiter ist als eine einzige Magenzelle, und während für uns ja auch die Magenfrage die allerwesent=

lichste ist, bedeutet sie für die Bakterie das einzige Leit= motiv ihres Daseins. Damit hängt dann ihre schnelle Art sich zu vermehren zusammen.

Die Zelle teilt sich in zwei, mitunter auch in vier Teile, die nun jeder einen unabhängigen lebenden Organismus bilden, und dies vollzieht sich bei günstigen Temperaturen manchmal in weniger als 30 Minuten. Mathematiker haben sich das Vergnügen gemacht unter diesen Umständen aus= zurechnen, wie lange es dauern würde, bis die Nach= kommenschaft eines einzigen Keimes den ganzen Raum der Nordsee einnehmen würde.

Man kann annehmen, daß dies innerhalb 14 Tagen geschehen könnte, wenn auch gleichzeitig die Bäume bis in den Himmel wachsen würden. So wenig das eine möglich, ist es auch das andere. Denn abgesehen von der Frage der Ernährung gibt es ein Naturgesetz, welches die Vermehrung eines einzelnen Keimes bis ins Unendliche verhindert, und da dieses Gesetz auch für die Erscheinungen in der Milch von Bedeutung ist, so soll es hier eingeschaltet werden.

Ein jeder lebende Organismus, mag derselbe Tier in= klusive Mensch, Pflanze oder Bakterie heißen, erzeugt als eine Folge seiner Lebenstätigkeit solche Zersetzungsstoffe, welche für denselben Organismus Gifte sind, dagegen für andere Organismen Nahrungsmittel sein können oder un= schädlich oder auch giftig wirken.

Als Beispiel bietet sich dem Leser wohl von selbst die Kohlensäure, die wir ausatmen.

Von diesem Gesichtspunkte aus wollen wir die Wir= kung der Bakterien in der gemolkenen Milch betrachten. Daß dieselbe immer Bakterien enthält, ist bekannt; die Herkunft dieser Keime lassen wir vorläufig außer acht.

Die aus dem Euter kommende Milch zeigt eine sehr unbedeutende Wirkung sowohl auf blaues als auf rotes Lakmuspapier, man sagt sie reagiert amphoter, das heißt, sie färbt das blaue Papier sehr schwach rot und das rote ebenso schwach blau. Lassen wir die Milch einige Zeit bei einer Temperatur von etwa 15 Grad oder etwas höher stehen, so scheint anfänglich keine Veränderung einzutreten. Später, und dies hängt vom Bakteriengehalt der Milch ab, bemerkt man, daß das Lakmuspapier nun stärker rot gefärbt wird, im weiteren Verlauf nimmt der Säuregehalt der Milch, der diese Färbung bewirkt, zu, das Aussehen fängt ebenfalls an sich etwas zu ändern, und nach 24 Stunden, mitunter auch erst später, ist aus der flüssigen Milch die nicht flüssige saure Dickmilch entstanden.

Wenn man den Verlauf bakteriologisch untersucht, so findet man, daß anfänglich sehr verschiedene Arten von Bakterien vorhanden waren, im Laufe der Zeit hat sich die Zahl bedeutend vermehrt, aber die einzelnen Gattungen sind jetzt nicht mehr in derselben Weise vertreten; es macht sich bemerkbar, daß eine bestimmte Gattung gegenüber der anderen an Zahl allmählich zunimmt, und in der sauren Dickmilch findet man häufig nur eine Gattung von Keimen, das ist diejenige, welche die Säure, Milchsäure genannt, produziert und die auch hiernach als Milchsäurebakterie bezeichnet wird; anfänglich aber war gerade dieser Keim nur sehr schwach vertreten.

Es hat also hier ein Kampf ums Dasein der Bakterien untereinander stattgefunden, in welchem die Milchsäurebakterien schließlich als Sieger hervorgegangen sind. Ihr Kampfmittel war die von ihnen gebildete Säure, welche andere Bakterien nicht vertragen konnten, so daß sie im Wachstum gehemmt waren, einzelne auch wohl zu=

grunde gegangen sind. Schließlich wurde die Säure aber auch für die Bakterien, die sie produziert hatten, verhängnisvoll; wenn etwa 0,8 Proz. Milchsäure vorhanden sind, so kommt die weitere Vermehrung der Milchsäurebakterien zum Stillstand. An der Oberfläche der Milch wächst später üppig ein weißer Pilz, für den die Milchsäure ein Nahrungsmittel ist.

An Nährstoff hat es den Keimen nicht gefehlt, auch in der sauren Dickmilch ist noch reichlich Milchzucker vorhanden, durch dessen Zersetzung die Milchsäure entstanden war, und das Eiweiß hat fast keine Zersetzung erfahren; die Veränderung desselben rührt nur davon her, daß sich etwas von der Milchsäure mit dem Kaseinkalk verbunden hat und so die festere Masse gebildet. Mitunter wachsen auch Hefen, die Spuren von Kohlensäure und Alkohol bilden; andere schädliche Zersetzungen sind aber nicht vorhanden, wenn der ganze Prozeß einen normalen Verlauf genommen hat. Die saure Dickmilch ist daher ein sehr gesundes Nahrungsmittel.

Der Vorgang spielt sich zwar meistens, jedoch nicht immer in der geschilderten Weise ab; es kommen abnormale Gärungen vor, wie man derartige Zersetzungen zu nennen pflegt. Die Milch kann schwach säuerlich werden, sie erstarrt aber nicht, es bilden sich verschiedene Zersetzungsprodukte des Eiweiß und wenig Milchsäure; oder sie kann erstarren, aber die Masse ist nicht gleichmäßig sondern zerklüftet und zeigt einen üblen Geruch; sie kann auch Gerinnung zeigen, ohne an Säure zugenommen zu haben.

Jede derartige Milch ist gesundheitsschädlich.

Wir bekommen einen besseren Einblick in diese Verhältnisse, wenn wir versuchen die Milchsäurebakterien zu beseitigen, so daß andere Arten nun ungestörter wachsen können. Hierzu kann man sich der Erwärmung der Milch bedienen, denn es zeigt sich, daß die Milchsäurebakterien nach dieser Richtung hin viel empfindlicher sind als viele andere Keime der Milch.

Zu diesem Zwecke füllt man die Milch in ein nicht zu weites Fläschchen, das verschlossen wird, stellt dasselbe in kaltes Wasser und erwärmt letzteres bis auf 75 Grad, wobei man die Flasche hin und wieder schüttelt, um eine gleich= mäßige Erwärmung der Milch zu erhalten. Nun wird die Flasche aus dem warmen Wasser entfernt und zur weiteren Beobachtung an einen nicht zu kühlen Ort gestellt, am besten wo Temperaturen zwischen 20 bis 35 Grad vorhanden sind. Wir haben aus der Milch nichts herausgenommen, nichts hineingetan, und was jetzt an Veränderungen sichtbar wird, muß von Bakterien herrühren, die ursprünglich in der Milch enthalten waren, denn ohne Wirkung von lebenden Zellen oder der von ihnen erzeugten Stoffe, Fermente genannt, erleidet die Milch überhaupt keine chemischen Verände= rungen.

Nach längerer oder kürzerer Zeit, je nach dem unbe= stimmten anfänglichen Bakteriengehalt der Milch, zeigt sich nun auch, daß Zersetzungen stattfinden, die aber jetzt ganz anderer Art sind, als diejenigen, welche wir vorher beobachtet haben. Die Milch bildet keine gleichmäßig erstarrte Masse, das geronnene Eiweiß ist zerklüftet und voller Gasblasen, sodaß infolge des eingeschlossenen Gases auch Stücke von Eiweiß oben schwimmen; öffnet man die Flasche, so hat man häufig den unangenehmen Geruch desjenigen Prozesses, der gewöhnlich als Fäulnis bezeichnet wird, was sich be= sonders bei unsauberer Milch bemerkbar macht. Daß eine solche Milch ungenießbar ist, braucht nicht erst erwähnt zu werden.

Der Einfluß der Wärme macht sich in anderer Weise bemerkbar, wenn man bis zum Kochpunkt angelangt war, denn hierdurch werden alle entwickelten lebenden Zellen abgetötet. Es genügt für ein Experiment, die einmal aufgekochte Milch in eine Flasche zu gießen, welche vorher einige Zeit mit möglichst heißem Wasser, zur Abtötung darin befindlicher Keime, gefüllt war, und zu verschließen. Man hat nun selbst bei Temperaturen von 20 bis 35 Grad ziemlich lange zu warten, bis eine Veränderung der Milch sichtbar wird, und darf die Flasche nicht schütteln.

Allmählich tritt auch hier eine Gerinnung ein, das geronnene Kasein ist sehr fein zerteilt, senkt sich zu Boden, sodaß eine helle Linie der Molke unter der Rahmschicht sichtbar wird, die sich immer mehr erweitert. Auch hier ist die Gerinnung durch Säuren entstanden, doch ist von der Milchsäure nur eine Spur vorhanden und Buttersäure vorherrschend, daneben auch Essigsäure, Ameisensäure und andere. Gleichzeitig findet eine weitgehende Zersetzung des Eiweiß statt, das soweit zerfällt, daß auch die einfachste Verbindung des Stickstoffs, nämlich das Ammoniak, zum Vorschein kommt, und zwar in immer wachsenden Mengen, sodaß die Reaktion der Milch, die gewöhnlich zuerst schwach sauer wurde, später neutral und schließlich alkalisch geworden ist. Es findet auch Verdauung des Eiweiß statt, entweder durch die Zelle selbst oder von ihr ausgeschiedene Fermente, sodaß das Eiweiß in eine gelöste Form übergeht, welche Pepton genannt wird, die auch bei dem Verdauungsprozeß in unserem Körper zum Vorschein kommt.

Es bedarf auch hier keiner Erläuterung, daß eine derartig zersetzte Milch als Nahrungsmittel schädliche Wirkung ausüben würde.

In der gekochten Milch waren also wieder lebende Organismen zum Vorschein gekommen, und die Tatsache, daß dies trotz des Kochens der Fall sein konnte, hat einstmals die Hoffnung derjenigen erregt, welche die Entstehung von lebenden Wesen aus toter Materie für möglich hielten. Die Erwartungen haben sich nicht erfüllt, denn es zeigte sich, daß es Bakterien gibt, die unter gewissen Verhältnissen Dauerformen entwickeln, hier Sporen genannt, ähnlich wie die Pflanze den Samen erzeugt, welcher viel widerstandsfähiger ist als die Pflanze selbst. Diese Sporen haben das Kochen überstanden und sich später zu lebenden Zellen entwickelt, welche die oben geschilderte Zersetzung der Milch bewirkten. Der Streit über die Urzeugung war von neuem zugunsten derjenigen entschieden, welche die Entwicklung des Lebens aus dem Ei, oder, wie man später sagte, aus der Zelle, für notwendig hielten. Die Beantwortung der Frage, wo die erste Zelle herkam, wird wohl ein undurchdringliches Geheimnis für uns bleiben.

Das Resultat unserer Experimente geht nun dahin, daß in derselben Milch ganz verschiedene Zersetzungsvorgänge stattfinden können, je nachdem wir das Wachstum der einen oder der anderen Gattung von Keimen, die ursprünglich beim Melken hineingeraten waren, befördert haben. Wir sahen, was aus der Milch geworden ist, nachdem wir die Milchsäurebakterien beseitigt hatten, und es wird nun verständlich, warum eine Milch, die, sich selbst überlassen, nicht zu einer gleichmäßigen sauren Dickmilch werden will, ein bedenkliches Nahrungsmittel ist.

Die Gattung von Keimen, welche bei diesem Vorgang alle anderen Bakterien verdrängt hat, wollen wir als die spezifische Milchsäurebakterie bezeichnen, und diejenigen verschiedenen Arten von Bakterien, die weitgehende Zersetzungen des

Eiweiß bewirkt haben, wollen wir gemeinsam als Eiweiß=
bakterien betrachten. Wenn auch alle Keime, die in der
Milch zur Entwicklung gelangen, sowohl Eiweiß wie Zucker
als Nährstoff verwenden, so tun sie es doch in verschiedener
Weise, und hierin liegt diese Einteilung begründet, welche
die späteren Betrachtungen vereinfacht.

Man hat oft die Frage aufgeworfen, ob die Milch im
Euter der Kuh auch bereits Bakterien enthält, da es bekannt
ist, daß diese in den Zitzenkanal eindringen. Gewöhnlich
wird diese Frage mit Nein beantwortet, denn man hat bei
Untersuchungen des Euters geschlachteter Kühe keine Bakterien
finden können, falls das Euter von Krankheit frei war. In
letzter Zeit jedoch ist namentlich durch v. Freudenreich in der
Schweiz nachgewiesen worden, daß, wenn man größere
Stücke des Euters bei diesen Untersuchungen verwendet,
gewöhnlich vereinzelte Bakterien gefunden werden. Das
lebende Gewebe des Euters hat das Vermögen jeder lebenden
Zelle, den Angriffen der Bakterien Widerstand zu leisten,
die sich daher nur toter Materie bemächtigen können; die
Milch aber ist ein toter Stoff, soweit wir dieselbe bisher
kennen gelernt haben, es ist daher nicht aufgeklärt, warum
die vom Zitzenkanal eindringenden Keime sich in der Milch,
die sich in den Kanälen befindet, nicht vermehren sollten.
Der Grund liegt wohl darin, daß die Milch auch einen
lebenden Organismus enthält, welcher entweder aus dem
Blute oder der Lymphe bei der Bildung der Milch in diese
einwandert. Das sind die weißen Blutkörperchen, die man
auch als Leucocyten bezeichnet und von deren Tätigkeit
unsere Gesundheit wesentlich abzuhängen scheint. Es sind
schleimige runde Massen, die die Fähigkeit besitzen, ihre Form
sehr verändern zu können und Fangarme auszustrecken, mit
welchen sie nach den Untersuchungen von Metschnikow Bak=

terien umfassen und vernichten; man hat sie daher auch
Freßzellen genannt. Da sie in der Milch immer vorhanden
sind, nach der Geburt des jungen Säugetieres sehr reichlich
und später, wie es scheint, in geringerer Zahl, so kann man
ihnen wohl auch die Aufgabe zuschieben, die abgesonderte
Milch von etwa eindringenden Bakterien zu befreien. Sie
wären sonach eine sehr wirksame Sanitätspolizei im Euter
der Kuh. Wird aber die Kuh gemolken und gelangt nun
eine sehr große Anzahl von Keimen in die Milch, so werden
die weißen Blutkörperchen, die einer Erneuerung bedürfen,
sehr bald ihre Tätigkeit einstellen.

Wir sind in der Kenntnis der Milch so weit vorgeschritten,
daß die Vorgänge in zwei der bedeutendsten Milchindustrien,
der Butter= und der Käsefabrikation, leichter verständlich
werden.

Von diesen ist die Herstellung der Butter bei weitem
nicht so alt als die Anfertigung des Käses, der schon in
den ältesten Urkunden erwähnt wird. Wenn sich auch das
Wort Butter in der Bibel befindet, so ist dies nach Angabe
von Martiny ein Irrtum von Luther, und war hier gegorene
Milch gemeint, denn die alkoholische Vergärung der Milch,
die erst neuerdings in der Herstellung des Kefir wieder auf=
genommen wurde, scheint sehr alt zu sein. Es war freilich
das Bedürfnis nach einem Speisefett wie Butter in den
warmen Ländern kaum vorhanden, in denen sich reichlich
Speiseöle vorfanden; in den nordischen Ländern aber ent=

sprach die Butter einem Bedürfnisse, hier hat auch der natürliche Eisvorrat die Fabrikation und Erhaltung des Produktes erleichtert, und erst nach der Einführung der künstlichen Eisfabrikation dehnt sich die Butterbereitung auch in den südlichen Klimaten bedeutend aus.

Wenn man Milch in einer geschlossenen Flasche längere Zeit heftig schüttelt, so kann man kleine Butterklümpchen auf der Oberfläche derselben schwimmen sehen. Der Versuch gelingt manchmal leicht, mitunter schwer, mitunter auch garnicht. Ist die Milch heiß, so läßt sie sich überhaupt nicht verbuttern, hierzu sind bestimmte Temperaturen erforderlich. In süßer Milch ist es auch schwer eine Butterbildung zu bemerken, besser gelingt das Experiment, wenn die Milch schon säuerlich geworden ist.

Temperatur und Beschaffenheit der Milch sind daher wesentliche Bedingungen für diesen Vorgang, der unter geeigneten Verhältnissen durch heftiges Schütteln zustande kommt.

In früherer Zeit glaubte man der Konstruktion des Butterfasses eine große Bedeutung beilegen zu müssen, indem man annahm, daß bei einer Anordnung die Ausbeute größer sei als in einer anderen; das ist nur in einem beschränkten Maße richtig, wesentlich ist, der Milch eine genügende rollende und stoßende Bewegung zu erteilen, sodaß der Vorgang nicht zu viel Zeit in Anspruch nimmt, da sonst die Butter eine schmierige Beschaffenheit erhält.

Die Konstruktion des Butterfasses ist heute Gewohnheitssache in den verschiedenen Ländern geworden. In den Großbetrieben in Deutschland benutzt man das holsteinische Butterfaß, wesentlich aus einem feststehenden aufrechten Fasse bestehend, in dessen Mitte eine vertikale Welle rotiert, die mit Schlagleisten versehen ist und so die Milch in Bewegung setzt. In den amerikanischen Großbetrieben hat man für diesen Zweck ausschließlich einen langen, viereckigen Kasten, welcher auf einer horizontalen Achse gelagert ist und in Drehung versetzt wird.

Die Anzahl der möglichen Konstruktionen ist fast unbegrenzt; sie sind in einem Sammelwerke von Martiny erschienen, aus dem ein jeder, der sich dafür interessiert, die nötige Auskunft erhalten kann.

Wir wollen uns hier mehr mit den Prinzipien dieser Vorgänge beschäftigen. Es wurde früher beschrieben, daß das Fett sich in der Milch in einem Zustande der Emulsion befindet, in einer enormen Anzahl mikroskopisch kleiner Fett=kügelchen, die meistens einzeln, mitunter aber auch in Gruppen angeordnet, räumlich voneinander getrennt bleiben. In der noch kuhwarmen Milch müssen sich diese Kügelchen im geschmolzenen Zustande befinden. Man sollte nun meinen, daß die geringste Bewegung genügen müßte, um ein Zusammenschmelzen dieser Kügelchen zu bewirken, und doch ist dies tatsächlich nicht der Fall. Hierbei treten zwei verschiedene Ursachen in Wirkung. Jedes kleine Kügelchen hat an sich ein Bestreben, seine Form zu erhalten; das be=merkt am besten, wenn man Quecksilber auf eine Platte fallen läßt, wobei dasselbe sich zerteilt und die einzelnen Kügelchen ohne Veränderung ihrer Form weiter rollen. Bringt man zwei dieser Kügelchen dicht zusammen, so fließen sie allerdings ineinander. Das Milchfett kann dies nicht, weil es durch das gequollene Kasein, das eine etwas klebrige Beschaffenheit hat, daran verhindert wird. Die Be=schaffenheit des Kaseins ist daher hier von wesentlichem Einfluß. Man kann derartige Eiweißkörper, besonders wenn sie säuerlich sind, durch fortgesetzte Erschütterungen derartig in ihrem Zustande verändern, das sie sich der Ge=

rinnung nähern, und in diesem Falle haftet Kasein und Fett nicht mehr derartig aneinander, wie das vorher der Fall war.

Im Butterfasse spielt sich daher folgender Vorgang ab. Durch die heftige Erschütterung verändert sich zuerst das Kasein, der Zusammenhang mit den Fettkügelchen wird gelockert, sodaß diese aus ihrer Umhüllung etwas befreit sind. Wird jetzt ein Fettkügelchen an die Wand geschleudert, so haftet es dort für einen Moment, wird aber von einem anderen Fettkügelchen erreicht, ehe es die Wandung wieder durch Abspülen verläßt, und beide Kügelchen haften nun zusammen. Dieser Vorgang wiederholt sich fortdauernd, bis sich erbsengroße Klümpchen gebildet haben, welche an der Oberfläche der Flüssigkeit, nun Buttermilch genannt, schwimmen; die Verbutterung ist dann vollendet. Für die Veränderung des Kaseins wäre die Temperatur nicht sehr wesentlich, für die Haftfähigkeit des Butterfettes sind aber bestimmte Temperaturen erforderlich. Es geschieht am besten zwischen 12 bis 15 Grad, denn eine zu niedere Temperatur gibt eine harte Butter, und Erhöhung eine zu weiche Beschaffenheit.

Man kam schon seit langer Zeit zu der Erkenntnis, daß es vorteilhafter ist, nicht die ganze Milch, sondern den Rahm zu verbuttern. Was der Rahm ist, ergibt sich sehr leicht, wenn man beobachtet, wie derselbe entsteht. In der sich selbst überlassenen Milch steigt das Fett infolge seines geringen spezifischen Gewichtes in die Höhe. Da die Fettkügelchen nicht alle von gleicher Größe sind, so ist das Aufsteigen auch kein gleichmäßiges, die großen Fettkügelchen gehen leicht in die Höhe, die mittleren weniger leicht und die kleinsten kommen nicht vom Fleck, weil die Kraft, die sie nach oben treibt, nicht genügend ist, um den Wider-

stand der Bewegung durch das dickflüssige Kasein zu über=
winden.

Im Laufe der Zeit, mitunter erst nach 36 Stunden,
hat sich alles angesammelt, was in die Höhe kommen kann,
es ist die Rahmschicht entstanden, die also nichts weiter ist,
als eine Milch mit hohem Fettgehalt und dementsprechend
geringem Wassergehalt. Aus der hier gemachten Schilderung
geht hervor, daß die Höhe der Rahmschicht dem Fettgehalt
der Milch nicht immer entspricht, sie hängt von dem Gehalt
an großen Fettkügelchen ab und wird auch durch den Zu=
stand des Kaseins beeinflußt. Die unterhalb des Rahmes
befindliche fettarme Milch wird Magermilch genannt.

Da im Rahm die Fettkügelchen räumlich viel näher
aneinandergerückt sind als in der Milch, so ist es verständ=
lich, daß es auch beim Verbuttern viel leichter gelingt, sie
aneinander zu bringen, namentlich wenn der Rahm sauer
ist, also das Kasein leichter durch Erschütterung verändert wird.

Es muß hier eingeschaltet werden, daß diese Erläuterung
des Butterungsvorganges nicht mit der landesüblichen An=
schauung übereinstimmt. Nach dieser soll das Fett in der
Milch auch bei 12 Grad noch flüssig bleiben und durch die
Erschütterung im Butterfasse fest werden, sodaß sich dann
Butter bilden kann. Wenn diese Anschauung richtig wäre,
so müßte beim Übergang vom flüssigen in den festen Zu=
stand Wärme frei werden, und da im Rahm oft zehnmal
soviel Fett enthalten ist als in der Milch, so müßte auch
beim Verbuttern des ersteren zehnmal soviel Wärme ent=
stehen als beim Milchbuttern. Dies ist jedoch nicht der
Fall; die geringe Erwärmung, die sich bemerkbar macht
und die bei Milch meist etwas höher ist als beim Rahm,
rührt von der Reibung her und zeigt sich auch, wenn man

Waſſer an Stelle der Milch im Butterfaſſe heftig bewegt; ſodaß die übliche Anſchauung wenig Wahrſcheinlichkeit für ſich hat.

Die Aufrahmung der Milch vollzieht ſich unter dem Einfluß der Schwerkraft, nicht dadurch, daß dieſe Kraft etwa das Fett direkt in die Höhe treibt, das iſt mechaniſch unmöglich, ſondern indem die ſchweren Beſtandteile ſich ſenken und die Fettkügelchen dadurch einen Trieb nach oben erhalten, der Auftrieb genannt wird.

Der Vorgang iſt, wie geſchildet, ein ſehr langſamer, man iſt auch genötigt die Milch kühl zu halten, ſo daß ſie nicht ſauer wird und erſtarrt. Dieſe Schwierigkeit wurde durch die Einführung einer Maſchine beſeitigt, in welcher an Stelle der Schwerkraft die Zentrifugalkraft zur Wirkung gebracht wurde.

Auch Leſer, die in der Mechanik nicht genügend be= wandert ſind, um die Zentrifugalkraft zu kennen, haben oft genug Gelegenheit, ſich von ihrer Exiſtenz zu überzeugen. So zum Beiſpiel, wenn man ſich in einem ſehr raſch fahrenden Wagen befindet, der im Kreiſe um eine Ecke fährt, ſo wird man nach außen gedrängt, das heißt vom Mittelpunkt des Kreiſes fort; dies bewirkt die Zentrifugal= kraft. Befinden ſich in einem ſich ſchnell drehenden ge= ſchloſſenen Gefäße zwei Subſtanzen von verſchiedenem ſpeziſiſchen Gewichte, ſo wird die ſchwerere Subſtanz nach außen, alſo an die innere Wandung des Gefäßes gedrückt und der leichtere Stoff muß nach innen ausweichen, wird alſo nahe der Drehaxe gelagert. Dies vollzieht ſich beim Zentrifugieren der Milch in einem zylindriſchen Gefäße, hier Trommel genannt, welche ſich mit ſo großer Geſchwindigkeit um eine, in der Mittellinie der Trommel gelegene, vertikale Achſe dreht, daß die Schwerkraft gegenüber der Zentrifugal= kraft unwirkſam geworden iſt. Die Folge davon iſt die

Bildung einer ringförmigen, senkrechten Rahmschicht nahe der Achse der Trommel. Wem dies nicht klar ist, der nehme seine Finger zu Hilfe. Man strecke den Zeigefinger aus, halte den Daumen im rechten Winkel zum Zeigefinger und biege den anderen Finger ein. Wenn man den Zeigefinger nach unten richtet, so gibt er die Richtung der Schwerkraft an, der Daumen zeigt die horizontale Rahmschicht, welche sich in der ruhenden Milch bildet. Zeigt man aber mit dem Daumen nach oben, so gibt der Zeigefinger die Richtung der Zentri=fugalkraft an, und der Daumen markiert die vertikale Lage Rahmschicht, die sich in der schnell drehenden Trommel der Milch=Zentrifuge gebildet hat.

Man braucht seine Phantasie nicht allzusehr anzustrengen, um auch die weitere Wirkung dieser Maschinen zu verstehen. In der Mitte des Deckels befindet sich eine Öffnung zum Einlaufen der Vollmilch, sowie auch zwei kleinere Öffnungen, von denen die eine durch ein Rohr mit der Magermilch in der Trommel in Verbindung steht, und die andere sich ober=halb der vertikalen Rahmschicht befindet. Fließt Milch in die Trommel, so werden die darin bereits befindliche Magermilch und der Rahm durch die getrennten Öffnungen heraus=gedrängt, sie gelangen jede für sich in einen ringförmigen Behälter und können nun getrennt aufgefangen werden. Dies ist alles sehr einfach. Aber die Schwierigkeiten, die in der mechanischen Technik zu überwinden sind, sobald es sich um sehr große Geschwindigkeiten handelt, kennt nur der Fachmann; vor 25 Jahren, als die ersten Milch=Zentrifugen gebaut wurden, hatte man auch nach dieser Richtung nicht die Erfahrungen wie heute.

Wir setzen uns über diese Schwierigkeiten hinweg, nehmen an, wir haben aus je 100 Liter Vollmilch nun 85 Liter Magermilch und 15 Liter Rahm erhalten, in

welchem sich fast alles Fett der Milch befindet. Die Mager=
milch lassen wir vorläufig außer acht, der Rahm aber ist
auch nicht gleich verwendbar, denn man pflegt die Voll=
milch auf mindestens 30 Grad zu erwärmen, um eine
bessere Separierung, wie dieser Vorgang genannt wird, zu
bewirken. Allerdings hätten wir jetzt nichts weiter nötig,
als den Rahm auf eine geeignete Butterungstemperatur,
etwa 12 Grad, abzukühlen und ins Butterfaß laufen zu
lassen; man zieht es jedoch vor die Kühlung weiter zu
treiben, den Rahm stundenlang bei niedriger Temperatur
stehen zu lassen und erst dann zu verbuttern.

So erhält man die Süßrahmbutter, die in Frankreich
allgemein, in Süddeutschland ebenfalls gebräuchlich ist und
in Norddeutschland mehr Abnehmer findet.

Ihr Nachteil beruht in ihrer geringeren Haltbarkeit, in
dem Umstande, daß die Buttermilch rasch einen unangenehm
bitteren Geschmack annimmt und die Ausbeute an Butter
auch etwas geringer als in demjenigen Verfahren, bei
welchem man den Rahm zuerst einer Säuerung unter=
wirft.

Will man in dieser Weise verfahren, so wird der Rahm
stundenlang bei einer Temperatur von 5 Grad gelassen;
hierbei kann er freilich nicht sauer werden, da die Milchsäure=
bakterien bei so niedriger Temperatur nicht wachsen, andere
Bakterien jedoch sowie auch Hefen, welche dem Rahm eine
aromatische Beschaffenheit verleihen, entwickeln jetzt ihre Tätig=
keit. Hierauf steigert man die Temperatur auf 12 Grad,
so daß nun auch die spezifischen Milchsäurebakterien gedeihen
können und dies ist ja, wie wir dies früher bemerkt haben,
in so ausgiebiger Weise der Fall, daß bald alle anderen
Keime überwuchert sind, wobei sich denn auch durch die
Säurebildung das Kasein verändert; der Rahm wird sämig

und hat nun die Beschaffenheit, welche erfahrungsgemäß für das Verbuttern geeignet ist.

Sehr häufig bekommt man eine gut schmeckende Butter, in manchen Fällen erhält man aber auch ein schlecht schmeckendes, wenig haltbares Produkt.

Man ist dabei von Zufällen abhängig, denn alles beruht darauf, daß auch die gewünschten Keime in der Milch vorhanden waren, was sich nicht mit Sicherheit voraussagen läßt. In der Beseitigung dieser Unsicherheit lag der erste praktische Erfolg der Bakteriologie für die Milchtechnik. Man erhitzte den Rahm, um möglichst alle vorhandenen Keime abzutöten, ließ abkühlen und setzte dann für den Vorgang der Rahmreifung diejenigen Keime hinzu, welche wünschenswert waren. Derartige Kulturen von Bakterien, wie man sie nannte, wurden in wissenschaftlichen Instituten zuerst von Storch in Dänemark und Weigmann in Kiel hergestellt und in der Praxis mit solchem Erfolg angewendet, daß das Verfahren eine immer größere Ausbreitung findet. Dieses planmäßige Vorgehen, um einen bestimmten Verlauf der Gärungen zu bewirken, gibt der Butterfabrikation eine viel größere Sicherheit als man früher gehabt hatte; wir werden später bei der Besprechung der Verdauung der Milch, noch Veranlassung nehmen, darauf zurückzukommen.

Wenn der Rahm im Butterfasse verarbeitet ist, wie dies bereits beschrieben worden, so schwimmen die Fettklümpchen auf der Buttermilch. Sie werden mit Hilfe eines Haarsiebes entfernt, wobei man einen kalten Wasserstrahl übergießen kann, um die anhaftende Buttermilch möglichst zu entfernen, geht aber dann, teils für diesen Zweck teils um der Butter die gewünschte Konsistenz zu geben, zu einer mechanischen Bearbeitung auf der Knet=

maschine über. Das ist eine rotierende runde Tischplatte, welche die darauf gelegte Fettmasse bei jeder Drehung einmal unter eine horizontale gerippte Walze führt, derartig, daß die Buttermasse zu einem Bande ausgebreitet wird und Buttermilch herausgedrückt. Das Band wird nach dem Durchgang unterhalb der Walze mit der Hand immer wieder zusammengerollt und macht diesen Prozeß verschiedene Male durch. Dabei wird auch etwas Salz eingestreut, das sich so mit der Butter gut vermischt.

Es ist üblich nach dem ersten Kneten die Butter einige Zeit zu kühlen, dann nochmals zu bearbeiten, wobei nun ein Teil des Salzes als Lake ausfließt und eine gleichmäßige Beschaffenheit und genügende Festigkeit der Butter erzielt wird.

Das fertige Produkt soll nach den Bestimmungen in Deutschland mindestens 80 Proz. Fett und nicht mehr als 16 Proz. Wasser enthalten. Diese Bestimmnng ist nicht sehr glücklich gewählt und dürfte wohl noch geändert werden. Etwas Eiweiß, Milchzucker und Spuren der Mineralstoffe der Milch sind außer dem zugefügten Salze vorhanden. Die geringe Menge des Eiweiß ist eine Quelle des Verderbens; wäscht man dasselbe aber vollkommen aus, so leidet der Geschmack der Butter, so daß es schwierig ist, eine gleichzeitig haltbare und gutschmeckende Butter herzustellen.

Eine andere Quelle des späteren Verderbens liegt in dem Einfluß der Luft, deren Sauerstoff auf die Fette einzuwirken scheint und den ranzigen Geschmack verursacht. Die Behandlung für den Versand erfordert auch nach dieser Richtung hin, abgesehen vom Kühlhalten, besondere Vorsichtsmaßregeln.

Ehe dieser Gegenstand verlassen wird, seien der Milch-Zentrifuge, auch Separator genannt, noch einige Worte gewidmet. Als die ersten Maschinen dieser Art vor 25 Jahren gebaut wurden, hatte die Idee der Produktivgenossenschaften, die von England übernommen war und in Schultze-Delitzsch in Deutschland einen unermüdlichen Advokaten fand, in der Landwirtschaft nur schwachen Fuß gefaßt. Es bestand allerdings eine Genossenschaftsmolkerei in Ostpreußen, in diesem nord-östlichen Winkel deutscher Kultur, in welchem auch andere Verbesserungen in der Milchwirtschaft zuerst Aufnahme fanden.

Das Bedürfnis für Vereinigungen schien damals noch nicht vorhanden zu sein. Dies ändert sich nun durch Einführung einer Maschine, welche die Abscheidung des Fettes aus der Milch gegenüber der Wirkung der Schwerkraft nicht nur in einer unglaublich kurzen Zeit bewirkte, sondern auch in viel vollkommener Weise.

Die zuerst gebauten Maschinen waren groß, erforderten viel Kraft und sachgemäße Bedienung; da sich ihre Anwendung auch nur bei großen Mengen Milch lohnte, so führte dies zur Vereinigung mehrerer Güter zur gemeinsamen Verarbeitung der Milch. Das Molkereigenossenschaftswesen hat sich infolgedessen von Jahr zu Jahr so ausgedehnt, daß heute über 2500 derartige Genossenschaften in Deutschland vorhanden sind, deren gute Erfolge auch zu anderen landwirtschaftlichen Vereinigungen geführt haben. Keine Agitation in Wort und Schrift konnte hier so beredt sein, wie die Einführung einer Erfindung auf technischem Gebiete.

Molkereien, in denen täglich über 30 000 Liter Milch verarbeitet werden, sind heute nichts Seltenes. Eine derartige Fabrikation mit Dampfbetrieb, ihren verschiedenen Spezialmaschinen, Einrichtungen für Kühlung, teilweise durch

Kältemaschinen, Wasserversorgung, Laboratorium für Prüfung der Milch und der Butter ist eine ziemlich komplizierte Anlage und erfordert Kenntnis und Umsicht, sodaß sich nicht nur für die Leitung, sondern auch für das Personal das Bedürfnis für sachverständige Ausbildung herausgestellt hat.

Die fortdauernden Verbesserungen an der Milchzentrifuge haben dahin geführt, daß dieselben immer kleiner und dabei doch leistungsfähig gemacht werden konnten; dies führte schließlich zum Separator mit Handbetrieb, der auf Gütern gebraucht wird, sodaß man jetzt vielfach nur den Rahm zur Molkerei sendet und die Magermilch im frischen Zustande für Futterzwecke verwenden kann. Vom hygienischen Standpunkte ist dies ein entschiedener Vorteil, aber für die Entwicklung des Genossenschaftswesens war es ein glücklicher Umstand, daß der Kraftseparator früher auf dem Markt erschien als die mit Hand betriebene Maschine.

Wenn hier der Versuch gemacht wird, in gedrängten Worten von der Herstellung der Käse eine Vorstellung zu geben, so stößt dies auf erhebliche Schwierigkeiten, denn ein einheitliches System, wie in der Butterfabrikation, ist nicht vorhanden. Die uralte Käsebereitung hat sich in verschiedenen Orten auch in sehr verschiedener Weise entwickelt, oftmals abhängig von lokalen Verhältnissen.

Hier handelt es sich um die Verwertung des Kaseins der Milch, verbunden mit mehr oder weniger Fett. Diese Mischung bildet mit geringen Mengen der anderen Bestandteile der Milch und einem erheblichen Wassergehalt den Rohstoff, welcher zu verarbeiten ist. Zweierlei Arten der Gewinnung dieses Rohstoffes sind in Anwendung. Man läßt die Milch sauer werden, um ein ungelöstes Kasein zu erhalten, aus welchem die Molken entfernt werden können, oder man bewerkstelligt dies durch Zusatz von Lab. Die letztere Methode, die allgemeiner ist, wenn es sich um Herstellung eines reifen Käses handelt, soll hier berücksichtigt werden, denn die Vorgänge haben für unsere späteren Betrachtungen ein größeres Interesse, da auch die Milch, die getrunken wird, im Magen zur Verlabung gelangt.

Der Magen aller Säugetiere enthält Lab, einen jener Fermentstoffe, von denen der lebende Körper verschiedene Arten enthält und deren Zusammensetzung sowie Wirkungsweise noch ein ungelöstes Rätsel ist. Sonderbarerweise findet sich auch Lab in Spuren bei Tieren, die nie Milch genießen, wie im Magen mancher Fische und Vögel; und auch in der Pflanzenwelt ist dieses Ferment vertreten. Hervorragende Eigenschaften hat nach dieser Richtung hin der Saft des Feigenbaumes, der schon im Altertum für Käserei verwendet worden ist, denn bereits im Homer finden sich die Worte: „Schnell wie die weiße Milch durch Feigensaft gerinnt.“

In diesem Safte scheint noch ein anderes Ferment befindlich zu sein, nämlich das Pepsin, welches eiweißlösende Eigenschaften hat und im Magen der Tiere die Verdauung der Eiweißkörper einleitet.

Gegenwärtig werden für die Käserei fast ausschließlich die Labmägen der jungen Kälber oder Ziegen verwendet, die nach der Reinigung entweder getrocknet werden, dann für die Benutzung wie eine Tabaksrolle in feine Stücke geschnitten, oder man benutzt Labpulver oder Labessenzen, die aus dem Magen hergestellt werden. Da die Essenzen in fast allen Apotheken käuflich zu haben sind, so kann der Leser die Verlabung der Milch selber vornehmen. Je nach

Art des Käses, der hergestellt werden soll, wird verschieden verfahren. Bei Weichkäsen verlabt man bei niedriger Temperatur, der Vorgang nimmt dann viel Zeit in Anspruch; bei Hartkäsen wird eine höhere Temperatur gewählt und bildet sich der Quark dann schneller.

Um also für das Experiment nicht allzuviel Zeit zu verwenden, kann die Milch auf 40 Grad erwärmt werden, und da die Labessenz mitunter schwache Wirkung hat, so kann ein Teelöffel voll, vorher mit Wasser vermischt, für ein Liter Milch verwendet werden, indem man unter Umrühren der Milch zufügt.

Nun überläßt man die Masse sich selbst; nach kürzerer oder längerer Zeit, das hängt von der Stärke der Labessenz ab, ist eine Veränderung sichtbar, welche derjenigen ähnlich ist, die bei der Entstehung der sauren Dickmilch beobachtet wurde, hier aber viel schneller eintritt; die Milch wird fester und von porzellanartigem Aussehen. Man bemerkt, daß man sie mit einem Messer schneiden kann, und dies geschieht auch, um das Austreten der Molke aus der Käsemasse zu befördern. Der Leser kann sich damit begnügen, zuerst in einer Richtung parallel zueinander Schnitte zu machen und dann senkrecht zu dieser. In der praktischen Käserei nimmt man auch eine horizontale Verteilung vor, sodaß möglichst gleichmäßige würfelförmige Stücke erhalten werden, die noch eine Zeitlang in der Molke verbleiben, in der sie sich zusammenziehen, was durch Erwärmen befördert werden kann.

Am einfachsten ist es nun, die Molke zu entfernen, indem man ein Leinentuch zur Filtration verwendet und vermittels desselben den Quark noch etwas ausdrückt.

So wäre der Rohstoff für einen zu reifenden Käse hergestellt. Nicht immer geschieht es in dieser Weise, für jede

Käseſorte iſt nicht nur dieſe, ſondern auch die nachfolgende Behandlung verſchieden, ſodaß ſich eine Beſchreibung, die für alle Fälle paßt, nicht geben läßt.

Der Leſer könnte nun auch verſuchen, auf Grund der nachfolgenden Information einen reifen Käſe herzuſtellen, kann aber mit Sicherheit darauf rechnen, daß dieſes Experiment ohne Erfahrungen mißlingt, denn auf keinem Gebiete der Technik iſt man ſo ſehr auf praktiſche Erfahrungen angewieſen, wie hier. Es iſt daher einfacher, den friſchen Quark aufzueſſen, etwa unter Zuſatz von Salz und etwas Gewürzen; nur ein kleiner Teil ſoll einem ſpäteren Experimente vorbehalten bleiben.

Die weitere Behandlung des Quarks richtet ſich weſentlich danach, wie verlabt worden iſt. Hat man in Abſicht, einen Weichkäſe herzuſtellen, ſo läßt man auch ferner reichlich Molke in der Maſſe, man begnügt ſich damit, dem Käſe eine Form zu geben und ſorgt dafür, daß die Molke ablaufen kann. Handelt es ſich um Hartkäſe, ſo bedient man ſich der Käſepreſſen, um einen trockenen Stoff zu erhalten. In beiden Fällen wird die Oberfläche von Zeit zu Zeit in Salzwaſſer abgewaſchen oder mit Salz eingerieben. Bei den Weichkäſen geſchieht dies, um ein zu frühes Eingreifen von Schimmelpilzen aus der Luft zu verhindern. Bei den Hartkäſen bewirkt man außer dem Trocknen auch durch Waſſerentziehung vermittels Salz die Bildung einer feſten Rinde, welche jede Einwirkung von außen für den ſpäteren Reifungsvorgang verhindert.

In beiden Käſeſorten haben vorläufig die Milchſäurebakterien alle anderen Keime entweder vernichtet oder in ihrem Wachstum behindert; dies iſt ein weſentliches Erfordernis um den Verlauf einer geregelten Reifung einzuleiten. Wenn dies nicht der Fall iſt, ſo bekommt man ein faulendes, übelriechendes Produkt, aber keinen reifen Käse.

Die Beschaffenheit der Reifungsräume, in welche die Käse nun gelangen, ist von großer Bedeutung. Die Temperatur darf nicht zu hoch sein, denn der Vorgang soll sich langsam abspielen; die Feuchtigkeit auch nicht zu gering, da die Masse sonst zu schnell austrocknet. Wo die richtigen Verhältnisse durch natürliche Beschaffenheit der Reifungsräume nicht vorhanden sind, muß hier nachgeholfen werden.

Beim Durchschneiden eines unvollständig gereiften Weichkäses bemerkt man, daß sich im Innern noch eine harte unveränderte Käsemasse befindet, während außen eine gelbliche, weiche Masse vorhanden ist, die sich dadurch gebildet hat, daß das Kasein zum Teil in lösliche Produkte verwandelt worden ist. Da hierbei immer ein löslicher Eiweißkörper, das Pepton, gebildet wird, so hat man diesen Vorgang auch als Peptonisieren des Eiweiß bezeichnet.

Der Reifungsvorgang vollzieht sich also von außen nach innen. Er wird von Pilzen eingeleitet, welche auf der Oberfläche aus der Luft niedergefallen sind, und deren Erscheinen bei einzelnen Käsesorten mit großer Sorgfalt beobachtet wird. Diese Pilze verzehren Milchsäure; infolge der Abnahme der Säure kommen nun peptonisierende Bakterien zur Entwicklung, welche auf einem sauren Nährboden bisher nicht gedeihen konnten. Keime dieser Gattung zersetzen das Eiweiß, es entstehen lösliche Produkte und darunter etwas Ammoniak. Letzteres gelangt weiter ins Innere und neutralisiert hier die noch vorhandene Milchsäure; derselbe Vorgang wiederholt sich, bis allmählich die ganze Masse durchgereift ist.

Die Beteiligung der Peptonbakterien an dem Reifungsvorgang wurde zuerst von Duclaux in Paris beobachtet; man glaubte damals, das Problem sei für alle Fälle gelöst, sah sich aber bald getäuscht, als v. Freudenreich in Bern nachwies, daß dies für den in der Schweiz hauptsächlich hergestellten Hartkäse, den Emmenthaler, nicht zutreffen könne, sondern daß hier die Milchsäurebakterie an der Reifung beteiligt sein müsse.

Diese Möglichkeit ist nicht ausgeschlossen, denn es ist eine Eigentümlichkeit der Bakterien, daß sie auf einem veränderten Nährboden auch andere Eigenschaften annehmen; eine Erscheinung von großer praktischer Bedeutung, auf die wir bei einer anderen Gelegenheit noch zurückkommen werden.

Solange die Milchsäurebakterien in der Milch oder dem feuchten Quark waren, produzierten sie Säure aus dem Milchzucker, als aber der Käsestoff stark ausgepreßt und getrocknet wurde, haben sich die Ernährungsverhältnisse für diesen Keim geändert und es ist nun nicht ausgeschlossen, daß dieselben anfingen, die Eiweißstoffe anzugreifen.

Daß die Reifung ausschließlich von Milchsäurebakterien herrühren sollte, ist nicht anzunehmen, es geschieht wohl unter Mitwirkung anderer Arten, vielleicht auch des Pepsins, welches im Lab enthalten ist, und hierzu kommt die Tätigkeit der gasbildenden Bakterien, welche die gewünschten Löcher im Schweizerkäse herstellen. Der Vorgang ist doch noch recht dunkel. Es ergibt sich schon aus diesen Beschreibungen, daß der Reifungsvorgang je nach der Behandlung der Käse sehr verschieden ausfallen kann.

Interessant ist der Roquefort, weil sich dessen Herstellung auf ein kleines französisches Dorf beschränkt, wo die Bedingungen für die Fabrikation besonders günstig liegen. Aus Schafmilch hergestellt, spielt hier bei der Reifung die Mitwirkung eines grünen Schimmelpilzes, welcher auf besonders gebackenem Brote kultiviert, dann verrieben und dem Käse zugefügt wird, eine große Rolle. Wesentlich begünstigt wird diefe Induftrie durch das Vorhandenfein von Felfenhöhlen, die infolge gleichmäßiger niedriger Temperatur und genügender Feuchtigkeit einen vorzüglichen Reifungsraum abgeben.

Es würde zu weit führen, andere Käfeforten zu erwäh=nen, ihre Zahl ift eine fehr große. Am wichtigften ift für uns die Tatfache, daß bei der Herftellung genießbarer Käfe die Mitwirkung der Milchfäurebakterien in erfter Linie not=wendig ift, daß das Fehlen diefer Keime in der Milch fehr rafch zu Fäulnisprozeffen führt und auch wohl zur Bil=dung von Käfegiften.

Etwas von dem übrig gebliebenen Quark foll mit Waffer verrieben werden, fodaß fich der Käfeftoff wieder möglichft fein verteilt. Hierzu fetzt man eine alkalifche Flüffigkeit, z. B. Soda, welche vorher im heißen Waffer aufgelöft wird; der geronnene Käfeftoff löft fich wieder auf. Es genügt hier die Beobachtung, deren Bedeutung fpäter zum Vorfchein kommen wird.

Zweiter Teil.

——

Man schätzt die Anzahl der Kühe im Deutschen Reich gegenwärtig auf 10 Millionen. Die jährliche Milchleistung einer Kuh kann, wie früher erwähnt, sehr verschieden ausfallen, doch darf man annehmen, daß die Durchschnittsleistung nicht unter 2100 Liter beträgt, so daß also die gesamte Milchproduktion in Deutschland im Laufe eines Jahres auf 21 000 000 000 Liter angesetzt werden kann. Der Wert der Milch hängt vom Fettgehalt und von lokalen Verhältnissen ab; die Annahme von 8 Pf. pro Liter am Ursprungsort ist jedenfalls nicht zu hoch. Hiernach ergibt sich, daß die Milchleistung der Kühe in Deutschland pro Jahr einen Wert von 1680 Millionen Mark darstellt. Der Wert des Getreides inkl. Braugerste wird etwas geringer angenommen, und derjenige der meisten Industrieprodukte ist bedeutend niedriger.

Von der täglich gemolkenen Milch wird nicht ganz ein Viertel getrunken oder für Back- und Kochzwecke verwendet. Weniger als die Hälfte dient den Zwecken der Butterfabrikation, der Rest zum Teil für Käse aus Vollmilch, für die Margarinefabrikation und andere Industrien. Zur Aufzucht der Kälber ist in erster Zeit ebenfalls Vollmilch erforderlich, später begnügt man sich mit Magermilch unter Zusatz anderer Nährstoffe. Die Notwendigkeit, die großen

Mengen Magermilch zu verwerten, welche bei der Butter=
fabrikation entstehn, haben zur Herstellung von Magermilch=
käsen geführt; dazwischen liegt die Methode, der Milch nur
einen Teil des Fettes zu entziehen und halbfette Käse an=
zufertigen, denn der Geschmack und die Verdaulichkeit der
Käse hängt vom Fettgehalt ab. Der Bedarf an Rahm,
auch Sahne genannt, ist fortdauernd im Wachsen begriffen;
für den Konsum in Berlin werden gewöhnlich zwei Sorten
hergestellt; die Kaffeesahne mit 10 Proz. Fett und die Schlag=
sahne, welche mindestens 25 Proz. enthalten soll. Be=
stimmungen hierüber sind nur an wenigen Orten vorhanden,
auch die Anforderungen bezüglich des Mindestfettgehalts der
Milch weichen in verschiedenen Städten Deutschlands von
einander ab.

In anderen Ländern wird auch Sahne mit erheblich
höherem Fettgehalt zum Verkauf gebracht, so hat der
Devonshire double cream meistens über 50 Proz.; bei
der vorzüglichen Weide, welche die Kühe an der Südküste
von England haben, und der frischen Seeluft, in der sie
sich bewegen, ist dieser Rahm von hervorragend gutem
Geschmack.

Wer dieser Industrie fernsteht, macht sich selten eine
Vorstellung davon, wieviel Milch dazu gehört, um 1 Kilo
Butter herzustellen. Unter der Annahme, daß Milch mit
3,25 Proz. Fett benutzt wird, und daß die Butter 84 Proz.
Fett enthalten soll, sowie unter Berücksichtigung geringer
Mengen von Fett, die in Magermilch und in der Butter=
milch verbleiben, ergibt sich, daß hierzu 28 Liter Milch er=
forderlich sind; daher die großen Mengen von Milch, welche
die Butterfabrikation zu verarbeiten hat.

Es ist von Interesse, die Zahl der Kühe mit der Ein=
wohnerzahl verschiedener Länder zu vergleichen, weil sich

hieraus annähernd die Stellung eines Landes in der Milch=
industrie ergibt.

Auf je 100 Einwohner kommen Kühe wie folgt:

In Neuseeland 45, Dänemark 41, Schweden 35,
Norwegen 32, Vereinigte Staaten von Amerika 22, Schweiz
22, Frankreich 20, Niederlande 19, Deutschland 18,6,
Österreich 17, Belgien 12, Großbritannien 9,8.

In Deutschland liegen die Verhältnisse derartig, daß
wir unseren Bedarf an Milch und Milchprodukten annähernd
decken. Wir haben eine Ausfuhr im Werte von nahezu
10 Millionen Mark und eine Einfuhr von über 50 Mil=
lionen Mark; doch kommt dies gegenüber dem großen
Gesamtwert unserer Produktion kaum in Betracht.

Im ganzen ist der Konsum derartiger Produkte in allen
Ländern im Wachsen begriffen; manche sind exportfähig, wie
sich aus den obigen Zahlen ergibt; England ist natürlich
sehr auf den Import angewiesen, besonders bezüglich Butter,
da auch der Konsum pro Kopf der Bevölkerung hier er=
heblich höher ist als anderwärts. Daher bezahlt England
für importierte Butter jährlich den ansehnlichen Betrag von
400 Millionen Mark; hieran sind 12 verschiedene Länder
beteiligt und zwar in sehr ungleicher Weise, am meisten ist
Dänemark hier interessiert.

Die Milchindustrie hat sich zwar in allen Ländern in
den letzten Jahren bedeutend entwickelt, in einzelnen fand
dies aber in ganz hervorragender Weise statt. So hat Neu=
seeland seine Produktion im Laufe von 10 Jahren vervier=
facht; in Argentinien haben sich die Verhältnisse ebenfalls
unter Zuhilfenahme von englischem Kapital in ähnlicher
Weise entwickelt, eine der dortigen Gesellschaften verarbeitet
täglich 500 000 Liter Milch.

Erstaunlich ist auch die Entwicklung in Sibirien. Vor dem Jahre 1893 war die sibirische Butter noch von einer solchen Beschaffenheit, daß man sie keinem zivilisierten Menschen als Eßware vorsetzen konnte. Von dieser Zeit an haben sich unter Zuhilfenahme dänischer und schwedischer Instruktoren die Verhältnisse wesentlich geändert. Im Jahre 1894 war bereits ein Export von etwas über 6000 Kilo, acht Jahre später wurden über 32 Millionen Kilo Butter exportiert. Das ging nach Berichten von dort freilich nicht ganz ohne Störung vor sich. Als vor Jahren eine Dürre eintrat und Heuschrecken erschienen, wurden von den Bauern viele Zentrifugen zertrümmert, da man behauptete, daß sie durch ihre schnelle Drehung die Wolken verscheuchten. Nachdem aber trotz der übriggebliebenen Zentrifugen die Kühe im nächsten Jahre im Grase versanken, sah man den Irrtum ein und kaufte neue Maschinen. Die russische Regierung ist sehr bemüht, diese Industrie zu heben, sorgt für Kühleinrichtungen an den Stationen, in denen die Butter eingeliefert wird, und für besondere Transporte in gekühlten Wagen nach den Ostseehäfen. Vorläufig ist diese Butter noch immer geringwertig, sie geht hauptsächlich nach Kopenhagen, und die Dänen verkaufen ihre vorzüglich hergestellte Butter nach England. Diese Aufopferung macht sich auch gut bezahlt. Die sibirische Butter findet ihren Weg auch direkt nach London und einen Konsum in Deutschland.

Eine Molkerei, die täglich 10 000 Liter Milch verarbeitet, hat nach dem Zentrifugieren 8500 Liter Magermilch und den Rest als Rahm für die weitere Verarbeitung zu Butter. Die große Menge der Magermilch geht häufig an die Landwirte zurück, zum Teil wird sie, wie bereits erwähnt, für Käserei verwendet, teils auch als Trinkmilch verkauft. Immer hat sie nur einen geringen Wert, während sie nach einer üblichen Theorie noch einen erheblichen Wert haben sollte, denn sie enthält in Prozenten etwas mehr Eiweiß als die Milch.

Nach der erwähnten Theorie schätzt man die Bedeutung eines Nahrungsmittels nach seinem Gehalt an Eiweiß, Fett und Kohlehydraten, zu denen der Zucker gehört, indem man annimmt, daß diese Nährstoffe in einem Wertverhältnis von 5 : 3 : 1 zueinander stehen. Das macht die Rechnung über den Wert eines Nahrungsmittels wunderbar einfach, indessen hat es doch nur eine sehr beschränkte Bedeutung. So hat man nach dieser Anschauung ausgerechnet, daß für eine Mark baren Geldes in der Magermilch sechsmal mehr Nährstoff zu haben ist, als wenn man sein Geld für Hasenbraten ausgibt; dennoch kann man mit Sicherheit annehmen, daß auch die Autoren derartiger Zusammenstellungen lieber Hasenbraten essen als Magermilch trinken. Wir schätzen den Geschmack und die appetitreizende Wirkung viel höher als den Nährwert. Milch ist nahrhaft und sehr billig, Champagner ist sehr teuer und hat keinen eigentlichen Nähr=wert. Das sind allerdings extreme Fälle.

Für die Verdauung des Eiweiß kommt wesentlich seine physikalische Beschaffenheit mit in Betracht. Verteilt sich dasselbe leicht oder ist es an sich schon in feiner Verteilung vorhanden, so können die Verdauungssäfte den Lösungs=prozeß besser bewerkstelligen. Um die Verdauung des Eiweiß der Magermilch möglichst zu erleichtern, hat Verfasser schon vor sieben Jahren ein Verfahren angegeben, nach welchem das Kasein und Albumin der Milch derartig in Pulverform gebracht waren, daß sie eine genügende Quellfähigkeit be=saßen, um beim Backen als ein Zusatz zum Mehle verwendet werden zu können, sich daher in dieser Weise in sehr feiner Verteilung in der Backware befanden. Das Verfahren ist vielfach nachgeahmt worden, doch ist der Absatz nur sehr langsam gestiegen. Der Grund ist aus dem bereits Erwähnten erklärlich. Es liegt dem Publikum, das kauffähig ist, wenig an Nährstoffen. Die Erfahrung der Bäcker lehrt, daß diejenigen Kuchen am meisten begehrt werden, die am besten schmecken, selbst auf die Gefahr hin, daß die Leute sich nachher den Magen daran verderben. Zur Entschuldigung sei erwähnt, daß auch die Tiere auf der Weide sich mit Vorliebe schmackhafte Kräuter aussuchen.

Schon in früherer Zeit hat sich das Bestreben geltend gemacht, sowohl Vollmich wie Magermilch konservieren zu können und auch besser transportfähig zu machen. Das letztere geschieht durch Verringerung des Wassergehalts, wobei die Haltbarkeit von selbst eintritt, sobald man ein möglichst trockenes Milchpulver herstellt.

Das erste Patent für die Herstellung derartiger Produkte wurde bereits 1835 in England genommen, scheint aber niemals zur Ausführung gekommen zu sein.

Fünfzehn Jahre später wurde von einem Amerikaner Horsford die erste Fabrik für kondensierte Milch eingerichtet, die trotz Aufwendung großer Mittel bald bankerott machte. Es war kein Absatz zu finden.

Nach Verlauf einiger Jahre wurde ein erneuerter Versuch ebenfalls in Amerika von Gail Borden gemacht, der anfangs auch mißglückte, dann aber ein besseres Resultat ergab, als man sich entschloß, die konservierende Wirkung des Zuckers zu Hilfe zu nehmen.

Alle diese Verfahren beruhen darauf, daß man der schwach erwärmten Milch, in einem geschlossenen großen Behälter, Wasser entzieht, indem man die Luft aus dem Behälter auspumpt, und so eine lebhafte Verdampfung des Wassers bei niedriger Temperatur herbeiführt.

Die Erfolge in Amerika haben die Engländer, deren praktischer Sinn der Milchindustrie von jeher zugewendet war, veranlaßt, in der Schweiz und später in anderen Ländern ähnliche Fabriken einzurichten, die bald anfingen, mit großem Nutzen zu arbeiten. Diese Fabrikation ist noch heute in der Ausdehnung begriffen, denn überall, wo frische Milch nicht zu haben ist, ist die kondensierte Vollmilch ein sehr guter Ersatz.

Die Milchpulverfabrikation hatte ebenfalls anfänglich mit vielen Schwierigkeiten zu kämpfen. Die Fabrikations=methoden waren unvollkommen, und es fand sich auch hierfür kein Absatz. Man war außerdem von einer irrigen Anschauung ausgegangen, indem man sich bestrebte, der frischen Milch Konkurrenz machen zu wollen. Die Eigenschaften der frischen Milch lassen sich durch Auflösen solcher Pulver niemals wieder herstellen. Nimmt man selbst nur diejenigen Stoffe in Betracht, die bei der Analyse gewöhnlich angegeben werden, so zeigt sich, daß die Eiweiß=stoffe durch Entziehung von Wasser eine Veränderung er=leiden, und die Fette sind in der fein verteilten Form sehr leicht dem Ranzigwerden ausgesetzt. Letzterer Übelstand ist wahrscheinlich nicht ganz unüberwindlich, spielt auch in der pulverisierten Magermilch keine Rolle, und die Veränderung der Eiweißstoffe ist für verschiedene Anwendungen derartiger Pulver in der Nahrungsmittelindustrie ebenfalls nicht wesentlich.

Die Pulver beginnen sich langsam einen Markt zu machen; für Armeezwecke im Kriege scheinen sie besonders gut zu passen, und da es an Kriegen selten fehlt, so er=öffnet sich hier ein neues Absatzgebiet.

Das pulverförmige Kasein hat vielfache Anwendungen in der Technik, die jedoch kein allgemeines Interesse haben und daher hier nur genannt werden sollen. Für Kitte, für Färbereizwecke, für die Herstellung von Glanzpapier und andere Fabrikation hat sich ein immer größerer Absatz eröffnet. Auch für Arzneizwecke wird dieses Milchprodukt in verschiedener Weise verwendet.

Für die Versorgung der Menschen mit Kuhmilch gibt es dreierlei Methoden. Die Kuh kommt zum Menschen, oder der Mensch geht zur Kuh, oder beide bleiben zu Hause und die Milch allein macht die Reise. Alle drei Arten dieses Milchverkehrs sind im Gebrauch. In Italien namentlich werden Kühe und Ziegen durch die Straßen getrieben und vor den Häusern der Kundschaft gemolken. Es ist offenbar nicht nur Mißtrauen gegen den Milchhandel, was zu dieser Gewohnheit geführt hat, sondern auch die Schwierigkeit, die gemolkene Milch in heißen Klimaten bei Mangel an Eis genügend vor Säuerung zu schützen, denn im Euter der Kuh ist die Milch am besten aufgehoben. Allerdings geht aus den früheren Auseinandersetzungen hervor, daß die Kundschaft bei diesem Melken in Portionen sehr ungleich bedient wird. Die Tiere leiden viel durch Hitze und Staub, das System scheint in der Abnahme begriffen zu sein.

Das zweite System soll nach Berichten in Lissabon besonders ausgebildet sein. Es wird angegeben, daß sich viele Kuhställe, die mit Ausschanklokalen verbunden sind, in der Stadt befinden, auch sollen Vorschriften über das Halten der Tiere bestehen, die nur eine bestimmte Zeit in der Stadt bleiben dürfen und dann wieder auf die Weide gehen. In Deutschland hat man ebenfalls in den letzten Jahren derartige Stallungen eingerichtet, in denen ein Glas Milch mit Appetit getrunken werden kann, freilich sind es vorläufig nur rühmliche Ausnahmen; eine große Zahl auch solcher, die sich stolz Sanitäts-Molkereien nennen, befinden sich in einem Zustande, über den man gegenwärtig wohl den Schleier zieht, denn es lassen sich die Sünden der Vergangenheit nicht plötzlich beseitigen; doch ist man eifrig bestrebt, hier Wandel zu schaffen. In der Stadt Berlin sind nach einer neueren Statistik nicht weniger als 926 Kuhhaltungen mit zusammen 11 430 Kühen. Es gibt darunter Stallungen mit über 100 Kühen und auch solche mit einer Kuh, die offenbar nur den Zwecken des Besitzers dient.

Da aber Berlin durchschnittlich täglich über eine halbe Million Liter Milch konsumiert, so gelangt der bei weitem größere Teil von außerhalb dorthin; und dies bringt uns zur dritten Methode der Milchversorgung, in welcher die Technik einzugreifen hat.

Die kuhwarme Milch muß gekühlt und gelüftet werden; denn die Nichterfüllung dieser Forderungen würde sich sehr bald in ihren üblen Folgen zeigen.

Wollte man die Milch sofort in verschlossene Kannen laufen lassen, so erstickt sie, wie der übliche Ausdruck lautet, auch würde sie infolge schnellen Wachstums der Bakterien sehr rasch sauer werden.

Zu der Forderung des Auslüftens und Kühlens ist in letzter Zeit auch die der Reinigung gekommen, denn bei der üblichen Art des Melkens ist das Eindringen von Staub und Schmutz nicht ganz zu verhindern. Früher war man nach dieser Richtung nicht peinlich, man wußte nicht, wieviel Schmutz in der Milch war, und trank denselben unbedenklich

mit herunter. Als Renk in Dresden, damals in Halle, auf die Idee kam, den Schmutzgehalt der Milch zu messen, war man über das Resultat verwundert, und die Wiederholung der Versuche in anderen Städten führte zu ähnlichen Ergeb=
nissen.

Es wurden nun Apparate zur Filtration, die früher sehr selten waren, allgemeiner für Milch eingeführt, dabei stellte sich heraus, daß die Entfernung des Schmutzes in der kalten Milch durchaus keine leichte Sache sei. Man ist heute darüber einig, daß es am besten ist, die Reinigung mit der noch kuhwarmen Milch vorzunehmen, indem man dieselbe durch eine dünne Watteplatte laufen läßt, die zwischen zwei Sieben gelagert ist.

Nach dem Melken soll die Milch unter allen Umständen sofort aus dem Kuhstall heraus und für die Zwecke der Kühlung und Lüftung in einen sauberen Raum gebracht werden, in dem reine, frische Luft herrscht; das sollte aller=
dings im Kuhstall auch der Fall sein, jedoch sind derartige Stallungen vorläufig noch sehr selten.

Das gebräuchlichste System besteht darin, die Milch über einen Kühler laufen zu lassen, der aus horizontalen Röhren gebildet ist, in denen innen kaltes Wasser fließt, während die Milch an der Oberfläche der Röhren entlang langsam herabfließt, sich so auslüftet und abkühlt.

Man sollte nun meinen, daß nach letzterer Richtung hin garnicht genug geschehen kann, um die Milch möglichst haltbar zu machen; das ist richtig, wenn in der Ausführung nicht Fehler gemacht werden, die sehr häufig zu finden sind.

Zur Zeit, als man anfing, gefrorenes Fleisch nach Eng=
land zu versenden, machte man die Beobachtung, daß das=
selbe im Sommer schneller zu verderben schien, als frisches Fleisch. Anfangs glaubte man, das Gefrieren bewirke eine

Zerstörung des Fleisches; es zeigte sich jedoch bald, daß die Ursache des Verderbens nach einer ganz anderen Richtung hin zu suchen war. Wird die kalte Fleischmasse der warmen Luft ausgesetzt, so kondensiert sich die Feuchtigkeit der letzteren auf der Oberfläche des Fleisches, und damit werden eine große Anzahl von Bakterien aus der Luft mit niederge=schlagen, welche das schnelle Verderben bewirken. Ganz das=selbe ereignet sich, wenn an heißen schwülen Tagen die Milch über einen offenen Kühler zu stark abgekühlt wird, freilich wird hier der Niederschlag der Feuchtigkeit der Luft nicht sichtbar. Man vermeidet diesen Übelstand, der sich in allen Kühlhäusern geltend machen würde, indem man die Luft selbst kühlt und ihr Feuchtigkeit entzieht. Wo sich derartige Einrichtungen bei der Behandlung der Milch nicht machen lassen, tut man am besten, die tiefere Kühlung der Milch in geschlossenen Kannen vorzunehmen. Es braucht wohl nicht weiter erwähnt zu werden, daß auch die stärkste Abkühlung der Milch wenig Nutzen hat, wenn dieselbe sich auf dem Transport wieder erwärmen kann, sodaß auch nach dieser Richtung hin Fürsorge zu treffen ist.

Die Milch kommt nun zur Stadt und soll verteilt werden. Da ein jeder Stadtbewohner des Morgens zum Kaffee sein Töpfchen Milch haben will, so kommt der größte Teil der Milch in den Nachtstunden an, wird vom Handel in Empfang genommen und soll schleunigst abgeliefert werden. In der Geschwindigkeit, mit der sich diese Ver=teilung vollziehen muß, liegt ein Krebsschaden des ganzen Systems.

Mag die Milch den polizeilichen oder sonstigen An=sprüchen gemäß sein oder nicht, der Händler ist gezwungen, sie zu verteilen, da er sonst seine Kundschaft verliert. Dies vollzieht sich unter Anspannung aller verfügbaren Hilfskräfte, die für das Ausfahren und Austragen vom Geschäftslokal zur Anwendung kommen.

Andere Schwierigkeiten treten hinzu. Milchproduktion und Konsum wechseln im Laufe des Jahres und zwar keineswegs zu gleichen Zeiten. Mitunter ist eine Milch= schwemme vorhanden, zu anderen Zeiten ist dieser Artikel so knapp, daß der Kleinhändler an den Milchrampen der Eisenbahnen, an denen sich eine Art von Börsenverkehr ent= wickelt, ebensoviel für die Milch bezahlt als er selber erhält. Im Durchschnitt muß aber immer mehr Milch vorhanden sein als verkauft wird. In der Verwendung dieser über= flüssigen Milch liegt ebenfalls eine Schwierigkeit des Handels, denn was man auch damit in der Stadt anfängt, die Selbstkosten werden selten herausgeschlagen. Der Groß= betrieb verbuttert den Überschuß, verarbeitet auch Magermilch mit Zufügung von Buttermilch und zuweilen auch etwas Vollmilch zu Käse; der Kleinbetrieb, der keine Maschine hat, läßt aufrahmen, verkauft die saure Sahne und verarbeitet die Magermilch zu Quark.

Der Verkaufspreis der gewöhnlichen Vollmilch, die mindestens 2,7 Proz. Fett enthalten soll, beträgt in Berlin 18 Pf. pro Liter auf der Straße und 20 Pf. in der Küche geliefert. Bekanntlich werden auch andere Sorten Milch mit etwas höherem Fettgehalt zu erheblich höheren Preisen verkauft.

Ein Vergleich mit den Verhältnissen in anderen Haupt= städten ist von Nutzen.

In Paris kostet die gewöhnliche Milch im Durchschnitt 35 Pf. pro Liter, während der französische Landwirt etwas mehr erhält als der deutsche. Gegen diese enorme Erhöhung des Preises der Milch ist schon viel gesprochen und ge= schrieben worden, doch lassen sich Vorrechte der Erwerbs=

ſtände in Frankreich nicht ſo leicht beſeitigen wie bei uns. Die Landwirte haben wohl auch kein beſonderes Intereſſe, den Preis verringert zu ſehen, denn es ſcheint, daß ſich immer mehr landwirtſchaftliche Geſellſchaften am Handel beteiligen.

In London wird friſche Milch in den wohlhabenden Gegenden der Stadt mit 30 Pf. pro Liter verkauft; die nicht abgeſetzte Milch geht an kleine Straßenverkäufer, welche dieſelbe je nach Lokalität zu verſchiedenen Preiſen bis zu 18 Pf. im fernen Oſten der Stadt abſetzen; der engliſche Landwirt erhält einen höheren Preis als in Deutſch= land üblich iſt.

In New=York beträgt der Detailpreis im Sommer 25 Pf., im Winter 33 Pf.; dabei hat der Handel den Vor= teil, die Milch billig beziehen zu können, denn dem Land= wirt kommen die geringen Futterkoſten zugute. Der Verkauf von Magermilch iſt in New=York verboten und Vollmilch ſoll mindeſtens 3 Proz. Fett enthalten. Auch in anderen amerikaniſchen Städten, in denen das Feilhalten von Mager= milch nicht verboten iſt, iſt der Abſatz derſelben gering, da= gegen der Verbrauch von Vollmilch zum Teil viel höher als in Deutſchland; ſo wird in Boſton pro Tag und Kopf der Bevölkerung $1/2$ Liter konſumiert, in Berlin $3/10$ Liter.

Beſonders groß ſcheint der Milchkonſum von ſeiten der arbeitenden Bevölkerung in den Induſtriebezirken des Oſtens zu ſein, während der Bierkonſum, verglichen mit deutſchen Verhältniſſen, gering iſt. In unſerem induſtriellen Wettkampf mit Nordamerika iſt dieſer Umſtand von nicht zu unterſchätzender Bedeutung.

Die Milchverſorgung von Boſton hat eine Form an= genommen, welche für die Frage der Reorganiſation des

Milchverkehrs in großen Städten nicht ohne Interesse ist. Fast alle von außerhalb kommende Milch geht durch die Hände einer Transportgesellschaft, welche den Verkehr zwischen den Landwirten und Händlern vermittelt und hierfür besondere Milchzüge eingerichtet hat, die im Sommer mit Kühleinrichtungen versehen sind und in große Empfangsgebäude an den Stationen einlaufen. In letzteren befinden sich Maschinen für künstliche Kälteerzeugung, ein Laboratorium zur Untersuchung der Milch und ausgedehnte Anlagen für die beste Verwertung des unverkauften Produktes. Der Milchhandel bezieht täglich soviel, als er zu verkaufen erwartet.

Das System hat viele Vorteile, verteuert die Milch nicht, denn der Handel ist von Unkosten entlastet und ermöglicht eine bessere Kontrolle. War auch das Unternehmen anfänglich ohne Rücksicht auf hygienische Forderungen angelegt, so hat man doch später auch diesen Rechnung getragen, und kann dies bei einer derartigen Konzentrierung des Verkehrs viel besser als bei der Zersplitterung in anderen Städten.

Unter den europäischen Städten bietet Kopenhagen insofern ein besonderes Interesse, weil hier zuerst auch die sanitäre Frage der Milchversorgung zu einer größeren Organisation Veranlassung gegeben hat. Die Verhältnisse sind in einem kürzlich erschienenen Buche, Le lait à Copenhagen von Dr. v. Rothschild in Paris beschrieben, und ist die nachfolgende Notiz über die Entstehungsgeschichte der Kjöbenhavns Maelkeforsyning, die im Jahre 1878 gegründet wurde, daraus entnommen.

Ein vom Lande gekommener Angestellter eines Herrn Busk beklagt sich bei diesem, daß in der Stadt die Milch von sehr schlechter Beschaffenheit sei, und ihm in einer

Handlung die Verabreichung von Milch verweigert wurde, weil er keine Spirituosen kaufe. Dies gab Herrn Busk Veranlassung, die Verhältnisse näher zu untersuchen, und als Resultat seiner Nachforschungen den Entschluß zur Bildung einer Milchlieferungs = Gesellschaft zu fassen. Das Projekt wurde in Gemeinschaft mit drei anderen Herren derartig begonnen, daß man beschloß, das Kapital solle sich nicht höher als 5 Proz. verzinsen, und der Überschuß zur Einführung von Verbesserungen benutzt werden. Wenn auch diese Bestimmung nach 15jährigem Bestehen des Unternehmens fortfiel, so hat dies doch keinen Einfluß auf den Charakter desselben gehabt. Während es in der Natur der Verhältnisse liegt, daß der Milchhändler so billig wie möglich einkaufen will, wurde hier von dieser Anschauung Abstand genommen; man entschloß sich, den Landwirten einen höheren Preis zu bewilligen als bis dahin üblich war.

Dafür aber wurden besondere Ansprüche gestellt. Die Stallungen und die Tiere müssen sehr sauber gehalten werden, die Kühe werden von Tierärzten untersucht, welche die Gesellschaft besoldet, auch das Personal muß sich einer ärztlichen Kontrolle unterwerfen. Für das Melken und die Behandlung der Milch wurden Instruktionen erlassen; Kühlapparate werden von der Gesellschaft geliehen, der Landwirt hat aber für einen genügenden Eisvorrat Sorge zu tragen, sodaß die Milch bis auf 5 Grad abgekühlt werden kann. Man verlangt ferner, daß die Kühe solange auf der Weide sind, als die Jahreszeit dies zuläßt; eine Bestimmung, die in Dänemark leichter durchzuführen ist, als in manchen Teilen Deutschlands.

Das dänische Unternehmen hat sich von Jahr zu Jahr ausgedehnt, und das Beispiel hat nicht nur dort, sondern auch in anderen Ländern fördernd gewirkt.

Bekanntlich ist man jetzt bestrebt, die Grundgedanken dieses Systems auch in Deutschland mehr zur Geltung zu bringen. Das wäre sehr erwünscht, aber doch nur ausführbar, wenn man dieselbe Liberalität den Landwirten gegenüber zeigt und den Preis der Trinkmilch erhöht.

———

Vor 25 Jahren hätte Niemand geglaubt, daß die unschuldig aussehende Milch so viele Gefahren für die Menschheit in sich bergen sollte. Zehn Jahre später war die Anschauung, wenigstens in Deutschland, derartig, daß ein Zweifel an der Gefährlichkeit der rohen Milch als Unwissenheit betrachtet wurde. Noch zehn Jahre und die Situation fängt an sich zu verändern. Die Anschauungen derjenigen, welche die vielfach geschilderten Gefahren als übertrieben betrachteten, findet mehr Gehör und Kinderärzte erklären, daß in einzelnen Fällen die Ernährung mit roher Milch nicht zu entbehren sei.

Die nachfolgende Skizze illustriert den Verlauf dieser wechselnden Anschauungen.

Lister in England war der erste, der aus der Milch eine Bakterie isolierte, welche er als Ursache der Säuerung der Milch angab; seine Methode war aber so umständlich, daß sich praktische Erfolge für die Untersuchung hieraus nicht ergaben. Die systematische Isolierung von Keimen, die sich in irgend einem Stoffe befinden, gelang erst Robert Koch, dessen geniale glückliche Idee den Aufbau einer neuen Wissenschaft möglich machte. Von einem seiner

Schüler Hüppe wurde die Methode auf Milch angewendet, und nun sah man mit Staunen, welch eine enorme Anzahl von Bakterien in jeder Milch vorhanden war.

Eine sehr sauber gewonnene frische Milch enthielt oft 10 000 Bakterien in jedem Kubikzentimeter, das ist in etwa 20 Tropfen; und diese Zahl war für eine nach der Stadt gebrachte Milch äußerst gering, das Zehnfache war viel häufiger; ließ man die Milch auch nur 6 Stunden bei mittlerer Zimmertemperatur, so waren 10 Millionen Keime im Kubikzentimeter nichts Ungewöhnliches. Dies klingt ungeheuerlich, besonders wenn man bedenkt, wieviel Keime in einem Liter Milch mit heruntergeschluckt werden. Der Zahl nach enorm viel, der Masse nach aber so gut wie nichts, denn die Keime in einer sehr bakterienreichen Milch würden, wie die Heringe zusammengepackt, meist noch nicht den Platz eines Stecknadelknopfes beanspruchen. Dazu kommt, daß die Verhältnisse in der Milch ganz besonderer Art sind.

Trinkwasser mit mehr als 200 Keimen im Kubikzentimeter ist schon verdächtig, Milch mit Millionen von Keimen kann aber ganz harmlos sein. Nicht die Zahl sondern die Art der Keime ist hier maßgebend.

Da die Bakteriologie in erster Zeit nur den Zwecken der Medizin diente, so war die Aufmerksamkeit auch besonders auf etwaige Krankheitskeime in der Milch gerichtet. So ganz unbegründet war der Verdacht schon damals nicht, denn bereits 1879 hatte ein englischer Arzt Power mit Bestimmtheit festgestellt, daß die Verbreitung einer Diphtheritis-Epidemie von einer einzelnen Milchversorgungsstelle abzuleiten war. Die Ärzte in allen Ländern fingen daher an, beim Auftreten von Infektionskrankheiten die Möglichkeit einer Übertragung durch Milch zu beobachten.

Ohne Zweifel ist dies für Typhus in einzelnen Fällen festgestellt worden, dabei ist aber auch die Unschuld der Kuh nach dieser Richtung hin erwiesen, denn es zeigte sich, daß die Keime entweder von kranken Menschen herrührten oder vom Wasser, das zur Reinigung der Milchgefäße benutzt wurde.

Die Literatur über diesen Gegenstand ergibt besonders eine Anzahl von Fällen letzterer Art, von denen einer aus dem Jahre 1891 hier Aufnahme finden soll.

Ein Gutsbesitzer erkrankt am Typhus und wird täglich gebadet. Das Badewasser wird der Bequemlichkeit halber direkt aus dem Fenster gegossen und gelangt auf den Hof, der schräg nach einem Teiche hin abfällt. In diesem Teich werden die von einer Genossenschaftsmolkerei zurück= kommenden Kannen, nachdem sie mit Soda gereinigt waren, nochmals ausgespült und neben dem Teiche umgestülpt auf= bewahrt. Die mit Milch wieder gefüllten Kannen gehen an die Molkerei zurück. Hier wird die Milch zentrifugiert, und die Magermilch geht an die Teilhaber der Genossen= schaft, auf deren Höfen von der Magermilch getrunken wird und Typhus zum Vorschein kommt.

Der Zusammenhang ist hier klar und der Fall ist er= wähnt, um zu zeigen, wie Gedankenlosigkeit und Zufälle bei der Verbreitung von Infektionskrankheiten mitspielen. Das Wasser, welches für Reinigung der Milchgefäße benutzt wird, bedarf überhaupt der Aufmerksamkeit. In den großen Städten kann das Leitungswasser ja unbedenklich verwendet werden, aber auf dem Lande und auch in kleinen Orten sind die Brunnen mitunter derartig an= gelegt, daß ein Erhitzen des Wassers wichtiger erscheint als das der Milch.

Seltener als Typhus sind Diphtherie und Scharlach

durch die Milchversorgung verbreitet worden, doch sind ver=
einzelte Fälle nachgewiesen. Auch hier rühren die Keime
nicht von der Milch her, sondern von Menschen, welche die
Krankheitskeime beim Austragen der Milch mit verbreitet
haben mögen.

Im ganzen spielt bei den erwähnten Krankheiten die
Milch gegenüber anderen Arten der Verbreitung eine nur
untergeordnete Rolle.

Dagegen gibt es einige Krankheitskeime, deren Ursprung
von der Kuh sicher ist. Hier hat vor allem die Tuberkel=
bazille viel von sich reden gemacht und zu einer sehr
umfassenden Literatur Veranlassung gegeben. Verfasser
muß bekennen, daß das Durchsichten dieser Literatur, um
für die Zwecke der vorliegenden Schrift eine kurze Schluß=
folgerung machen zu können, eine recht trostlose Mühe ge=
wesen ist, denn was von der einen Seite behauptet wird,
wird von anderer Seite gewöhnlich wieder bestritten. Voll=
kommen einig sind alle Autoren darin, daß diese Krankheit
unter den Kühen (hier wird sie auch Perlsucht genannt)
sehr verbreitet ist und ihre Bekämpfung von der größten
Wichtigkeit.

Man kannte früher die große Verbreitung dieser Krank=
heit nicht, die in den verschiedensten Formen erscheint, je
nach den Organen, die davon betroffen werden, wie z. B.
bei den Menschen als Lungenschwindsucht, seitdem man
aber für die Untersuchung der Rinder in dem Tuberkulin
von Koch ein zwar nicht unfehlbares Mittel hat, ist man
sich über die Ausbreitung der Krankheitskeime in dieser
Tiergattung viel klarer geworden als früher möglich war.
Es hat hier keinen Zweck Zahlen anzugeben, denn diese
fallen je nach Umständen sehr verschieden aus. Man kann
aus den Angaben nur den Schluß ziehen, daß überall, wo

die Tiere sich vereinzelt auf der Weide befinden, wie auf den Prärien im Westen der Vereinigten Staaten, die Anzahl der kranken Tiere nicht erheblich ist, während in dumpfen Stallungen, in denen die Tiere das ganze Jahr gehalten werden, jede ältere Kuh als tuberkulös betrachtet werden kann.

Was hier interessiert, ist die Frage, gehen die Bazillen der kranken Tiere in die Milch über, und bedeutet das Trinken dieser Milch eine Gefahr für den Menschen?

Die Beantwortung der ersten Frage hat sich etwas umständlich gestaltet, da sich zeigte, daß eine bakteriologische Untersuchung der Milch nicht genügt, denn man fand andere unschädliche Keime, welche sich bei diesen Methoden ähnlich verhielten wie die Tuberkelbazille; es konnte in dieser Weise nur festgestellt werden, ob eine Milch verdächtig ist oder nicht; der endgültige Beweis aber mußte durch eine Injektion bei Tieren gegeben werden, falls sich nach der Sektion herausstellte, daß tuberkulöse Erkrankungen statt= gefunden hatten. Derartige Versuche wurden besonders durch Impfungen mit verdächtigem Material bei Meer= schweinchen vorgenommen, die das Unglück haben, nach dieser Richtung hin sehr empfänglich zu sein.

In zwei Fällen bewiesen sich diese Versuche bald als überflüssig. Wenn das Euter der Kuh tuberkulös ergriffen war oder wenn deutlich erkennbare Zeichen einer allgemeinen Erkrankung vorhanden waren, konnte man immer mit Sicherheit auf Anwesenheit von Tuberkelbazillen in der Milch rechnen. In solchen Fällen aber, in denen Erkran= kungen vorzuliegen schienen, deren Vorhandensein nur durch die Tuberkulinprobe wahrscheinlich war und die nach An= schauung der Ärzte auch manchmal wieder in Heilung über= gehen, war das Resultat sehr abweichend.

Meistens wurden keine Bazillen in der Milch gefunden, von einzelnen wird behauptet, daß sie doch zu finden waren.

Soweit geht aus diesen Versuchen eigentlich nur hervor, daß es für Meerschweinchen eine recht fatale Sache ist, wenn sie mit verdächtiger Milch geimpft werden.

Wir lassen uns aber die Milch nicht unter die Haut ein=spritzen, wir trinken sie, und das sind Verhältnisse anderer Art; dabei ist es noch fraglich, ob die Menschen für die vom Rinde stammenden Keime so empfindlich sind, wie manche Tiere.

Vorläufig hatten die Erfolge dieser Versuche die Gefahr als so bedenklich erscheinen lassen, daß einzelne Staaten sich veranlaßt sahen, energische Maßregeln zu ergreifen. Am meisten ging nach dieser Richtung der zur nordamerikanischen Union gehörige Staat Massachusetts vor, dessen Bewohner zwar in dem Rufe besonderer Intelligenz stehen, die sich aber trotzdem durch sensationelle Zeitungsnachrichten ebenso beeinflussen lassen wie andere weniger intelligente Menschen. Die fortdauernden sensationellen Berichte in den Zeitungen bewirkten daher, daß ein Gesetz erlassen wurde, nach welchem alle auf Tuberkulin reagierende Rinder getötet werden sollten, und die Landwirte eine entsprechende Zahlung als Ersatz er=hielten. Es wurden auch Stationen eingerichtet, in denen die an der Grenze eingeführten Rinder untersucht werden mußten. Hier zeigte sich bald ein Übelstand; wenn die Tiere einmal geimpft waren und auch die Erscheinungen zeigten, welche Verdacht erregten, so konnte die Impfung mit Erfolg erst nach geraumer Zeit wiederholt werden. Die Händler hatten also nichts weiter zu tun, als die einzuführenden Tiere vorher in einem anderen Staate impfen zu lassen, sie waren dann immer unverdächtig.

Für einige Jahre wurden erhebliche Summen aus=
gegeben, als sich aber zeigte, daß eine Besserung nicht ein=
trat, auch das Interesse an der Sache sehr abgenommen
hatte, wollte die gesetzgebende Versammlung kein Geld mehr
bewilligen; man ging von einem Extrem ins andere über.

Sehr viel rationeller war man auf Vorschlag von Bang
in Dänemark vorgegangen, um im Laufe der Zeit eine ge=
sunde Aufzucht zu erhalten. In Deutschland geschah dasselbe
besonders auf Betreiben von Ostertag, wobei man sich
darauf beschränkte, nur die hochgradig tuberkulösen Tiere so
bald als möglich auszurotten.

Eine Beschreibung dieser Verfahren mit ihren Erfolgen
führt uns zu weit vom Wege ab; sicher aber ist, daß die
Vertilgung derartiger Tiere, welche den Ansteckungsstoff
überall hin verbreiten, eine Frage von nationaler Be=
deutung ist.

Bereits im Jahre 1896 machte ein Mailänder Arzt
Fiorentini Einwendungen gegen die Auffassung von der leichten
Übertragbarkeit der Rindertuberkulose auf den Menschen,
indem er die Verhältnisse in der Lombardei näher untersuchte.

Hier befinden sich große Rinderherden, von denen nach
der Tuberkulinprobe angenommen werden mußte, daß mehr
als 50 Proz. von der Krankheit ergriffen seien. Die Leute,
welche diese Tiere pflegen, sind fortdauernd in den Ställen
beschäftigt, sie haben sogar die Gewohnheit, im Winter in
den Ställen zu schlafen, um Heizung ihrer Wohnung zu
sparen. Trotzdem sind die Fälle von Lungentuberkulose unter
diesen Leuten weit unter dem Durchschnitt, den man in den
lombardischen Städten gefunden hatte. Fiorentini kommt
daher zu dem Schlusse, daß die Krankheit beim Rind und
beim Menschen verschiedenen Varietäten des Keimes zuzu=
sprechen seien.

Derartige Behauptungen widersprachen der herrschenden Richtung, sie fanden daher wenig Beachtung. Erst als im Jahre 1901 Koch auf einem Kongreß in London erklärte, daß er auf Grund von gemeinsamen Untersuchungen mit Schütz zu der Überzeugung gelangt sei, es lasse sich der Krankheitskeim vom Menschen nicht auf das Rind übertragen, daher auch der umgekehrte Weg nicht wahrscheinlich sei, sondern vermutlich zwei verschiedenartige Krankheitskeime angenommen werden müßten, trat ein Umschwung in der Schätzung der Gefahr ein.

Die Behauptungen von Koch fanden schon auf dem Kongresse Widerspruch, und auch später haben andere erklärt, daß die Übertragung der Krankheit vom Menschen auf das Rind möglich sei.

Es könnte hier vielleicht mancher den Schluß ziehen, daß die Untersuchungen nicht in zuverlässiger Weise angestellt seien. Wenn die Experimentatoren in der Lage gewesen wären, mit demselben Ansteckungsstoff in derselben Weise bei demselben Tiere Versuche zu machen, so hätten sie auch sicher alle das gleiche Resultat erhalten; die Verschiedenheiten sind hier in der Natur der wechselnden Verhältnisse selbst begründet. Daher war auch das bis ins Endlose gewachsene Material notwendig, um zu einer Anschauung zu gelangen.

Faßt man diese zusammen, wie sie heute die Mehrzahl der Fachleute zu haben scheint, so kommt man zu folgendem Resultat:

1. Die Tuberkelbazillen des Menschen und des Rindes sind derselbe Keim. Die Verschiedenheit rührt daher, daß Bakterien auf verschiedenem Nährboden im Laufe der Zeit andere Eigenschaften annehmen, wie dies hier früher bezüglich der Milchsäurebakterie bemerkt worden ist.

2. Im Zustande einer allgemeinen Tuberkulose des
Rindes oder im Falle von Eutertuberkulose sind
jederzeit reichliche Mengen von Bazillen in der
Milch enthalten. Wenn die Krankheit nur durch die
Tuberkulinprobe wahrscheinlich ist, so kann die Milch
als gefährlich nicht bezeichnet werden.

3. Der Genuß der rohen Milch, wie sie in den Handel
kommt, bietet bezüglich der Aufnahme der Bazillen
für den erwachsenen Menschen geringe Gefahr gegenüber der viel größeren Möglichkeit, den Ansteckungsstoff durch die Atmungsorgane aufzunehmen. Bei
Kindern erhöht sich die Gefahr der Aufnahme der
Keime durch die Darmwand.

Für ganz besonders gefährdet hält v. Behring Säuglinge
im frühesten Kindesalter, und sollen nach seiner Anschauung
auch Erkrankungen im späteren Alter, wie Lungenschwindsucht, hier ihren Ursprung nehmen können. Dieser Ansicht
wird von anderen Fachleuten widersprochen.

Die Lungenschwindsucht wird heute mit allen Mitteln
bekämpft, ein lebhaftes öffentliches Interesse ist dafür erregt
worden und reiche Mittel werden zur Verfügung gestellt;
bezüglich der Anzahl der Todesfälle steht sie hinter Krankheiten zurück, welche dem Kindesalter eigentümlich sind.

In einer Abhandlung über Kindersterblichkeit und Milchversorgung gibt Dr. v. Ohlen in Hamburg hierüber folgende
Zahlen an.

Es ſtarben in Deutſchland im Jahre 1898 von allen Altersklaſſen bis zum 60. Lebensjahre 103 425 Menſchen an Tuberkuloſe der Lunge, und 140 974 Kinder bis zum erſten Lebensjahre allein an Magendarmkrankheiten; das ſind auch ſechsmal mehr als an der gefürchtetſten Seuche des Kindes= alters, der Diphtherie.

Da die Magendarmkrankheiten der Ernährung zuzu= ſchreiben ſind, ſo gelangt man zu der Anſchauung, daß hier die Beſchaffenheit der Milch die größte Rolle ſpielt. Nach dieſer Richtung hin haben wir keine Veranlaſſung, auf die Verhältniſſe in Deutſchland beſonders ſtolz zu ſein; im Gegenteil, ſieht man von Rußland ab, ſo zeigt Deutſchland unter allen Kulturſtaaten die größte Kinderſterblichkeit, wobei beſonders Bayern und Sachſen ungünſtige Zahlen aufweiſen. Auch Städte in Deutſchland, in denen fort= dauernd Verbeſſerungen in den hygieniſchen Verhältniſſen gemacht werden, weiſen nach dieſer Richtung noch wenig Erfolg auf. Es ſterben in Berlin 22 Proz. der lebend Ge= borenen im erſten Lebensjahre, in London nur 16 Proz.

Bei Vergleichung der Verhältniſſe in den verſchiedenen Ländern hat man die Beobachtung gemacht, daß die Sterb= lichkeit der Kinder mit der Anzahl der Geburten in einem gewiſſen Zuſammenhang zu ſtehen ſcheint; es iſt dies jedoch kein allgemein gültiges Geſetz, denn auch bei annähernd gleicher Geburtszahl in den verſchiedenen Ländern ſind große Verſchiedenheiten in der Anzahl der Todesfälle im erſten Lebensjahre vorhanden, ſodaß andere Umſtände das Reſultat beeinfluſſen müſſen.

Hier ſoll nur die Frage behandelt werden, inwieweit die Kuhmilch mitzuwirken ſcheint, und auch nur ſoweit, als dieſe Frage ſich einer Beantwortung durch die Beſchaffenheit der Milch als zugänglich erweiſt.

Die Erfahrung lehrt, daß diejenigen Kinder, welche an der Brust ernährt werden, einen viel geringeren Prozentsatz zu den Todesfällen liefern als Flaschenkinder. Das ist eigentlich selbstverständlich, denn die Frauenmilch ist für den Säugling, die Kuhmilch für das Kalb geschaffen, und wir haben schon früher bemerkt, daß die Zusammensetzung der Milch verschiedener Tiergattungen immer den Bedürfnissen des jungen Säugetiers angepaßt ist. Der besseren Übersicht halber sei hier die Zusammensetzung der Frauenmilch und der Kuhmilch noch einmal angegeben, wobei man immer zu berücksichtigen hat, daß es eine bestimmte Zusammensetzung für die Milch nicht gibt und daß auch die Zeit nach der Geburt mit in Rücksicht zu ziehen ist.

	Kasein= stoffe	Albu= min= stoffe	Fett	Milch= zucker	Mine= ral= stoffe
Frauenmilch am Ende des ersten Monats	0,6	1,2	3,9	6,2	0,3
Kuhmilch mittlerer Zusammen= setzung	2,7	0,7	3,2	4,6	0,7

Man erkennt sofort, daß vom Kasein und den Mineral= stoffen ein viel größerer Gehalt in der Kuhmilch vorhanden ist als in der Frauenmilch; von anderen Stoffen aber weniger. Nach einer früheren Darstellung könnte man freilich an= nehmen, daß infolge des großen Gehalts an Kasein die Kinder, die mit unverdünnter Kuhmilch ernährt werden, auch sehr rasch an Größe zunehmen müßten. Das geht allerdings nicht, denn ein derartiger Versuch endet, wie manche andere Art von Größenwahn, mit verdorbenem Magen.

Wenn auch mäßige Mengen von Kasein von den Kindern gut ausgenützt werden, so ist dies doch bei größeren Mengen offenbar nicht der Fall. Die Verhältnisse liegen etwas kompliziert, es soll versucht werden, sie in wenigen Worten klar zu stellen.

Wir wissen, daß das Kasein im Magen verlabt wird, und aus dem früheren Verlabungsversuch hat der Leser entweder selber eine Anschauung über diesen Vorgang gewonnen oder aus der Beschreibung erhalten. Die Beschaffenheit der hierbei entstehenden Käsemasse hängt aber wesentlich von den Verhältnissen des Fettes zum Kasein ab, wenn man den Versuch mit Milch von derselben Tiergattung anstellt und Temperatur sowie Labmenge gleichmäßig wählt. Man hat nur nötig, den Verlabungsversuch mit Vollmilch und mit Magermilch zu machen, die Molken aus der Käsemasse möglichst zu entfernen und wird sich dann überzeugen, daß die aus der Magermilch erhaltene Masse fest, die aus der Vollmilch dagegen locker ist und sich leicht zerteilen läßt. Das Kasein der Magermilch wird nach vollständigem Eintrocknen ganz hornartig, was durch einen Zusatz von Formalin befördert werden kann, sodaß man dies benutzt hat, um einen Stoff, Galalith, herzustellen, der dem Celluloid erfolgreich Konkurrenz macht und den Vorteil hat, nicht feuergefährlich zu sein.

Im Verdauungskanal wollen wir dagegen weiche Stoffe haben, und dies geschieht für das Kasein durch den Einfluß der unzähligen kleinen Fettkügelchen, welche von dem sich zusammenziehenden Kasein mit eingeschlossen werden und so die Entstehung eines festen Gerinnsels verhindern. Soweit der Vorgang im Magen, wo auch die Verdauung des Eiweiß beginnt; das Nächste geschieht im Darm, in welchem alkalische Verdauungssäfte vorhanden sind, die das geronnene

Kasein nun wieder auflösen. Der Leser wird sich wohl des Versuches erinnern, in welchem der durch Verlabung gewonnene Quark unter Einwirkung von Soda, also eines alkalischen Salzes, wieder aufgelöst wurde. Ganz so einfach geht es im Darm nicht zu. Durch die Einwirkung der alkalischen Darmsäfte werden die Eiweißkörper bedeutend verändert; es bilden sich gelöste Eiweißstoffe, die man als Albumose und Pepton bezeichnet und dabei weitere Zersetzungsprodukte, die nur in dieser gelösten Form durch die Darmwand in den Säftestrom des Körpers aufgenommen werden können, wo ihre weitere Verarbeitung für die Zwecke der Ernährung sich vollzieht. Die Darmsäfte wirken auf die Eiweißkörper durch Fermente, denen die geschilderte Wirkung auf das Eiweiß zukommt.

Da nun die Absonderung dieser Fermente aus den Drüsen nicht unbegrenzt vor sich gehen kann, so ist es klar, daß jederzeit immer nur eine begrenzte Menge von Eiweiß in Auflösung gebracht werden kann.

Aus diesen Tatsachen wird es verständlich, welche Folgen es haben würde, wenn man einen Säugling anstatt mit Brustmilch mit unverdünnter Kuhmilch ernähren wollte. Die Menge des Kaseins in letzterer ist mehr als viermal so groß wie in ersterer, dabei ist die Fettmenge fast dieselbe. Nicht nur erhielt der Säugling bei der Kuhmilchernährung allmählich eine so bedeutende Menge von geronnenem Kasein aus dem Magen in den Darm geliefert, daß die Verdauungssäfte nicht ausreichen, um das Kasein zu verarbeiten, sondern die Käsemasse ist auch viel fester, als bei Ernährung mit Frauenmilch der Fall ist, welche reichlich Fett im Vergleich zum Kasein enthält. Die Folge also wäre eine sehr erhebliche Störung der Verdauung.

Es könnte der Einwand gemacht werden, daß fette Speisen bekanntlich schwer verdaulich sind, und die hier gegebene Darstellung daher der Erfahrung widerspricht. Reichliche Fettmengen anderer Art überziehen die Nährstoffe mit einer zusammenhängenden Schicht und erschweren so die Einwirkung der Fermente, denn das Fett geht erst in einem späteren Stadium der Verdauung in den Zustand der Emulsion über. Diese für die Aufnahme der Fette notwendige Beschaffenheit ist aber in der Milch von Natur vorhanden, daher denn auch die Übelstände des Fettes hier nicht eintreten.

Die unvermischte Kuhmilch ist für den Säugling nicht verwendbar, man nahm eine Verdünnung vor, um so die Menge des zu verdauenden Kaseins zu verringern. Üblich ist es, zuerst 1 Teil Milch mit 3 Teilen Wasser zu vermischen, dann mit 2 Teilen, dann halb und halb und schließlich unverdünnte Kuhmilch zu verwenden; das heißt also das Kind allmählich an die Verdauung des Kaseins zu gewöhnen. Man kann nicht behaupten, daß dies den natürlichen Verhältnissen entspricht, denn in der Frauenmilch nimmt der Gehalt an Eiweiß nach der Geburt des Kindes fortdauernd ab. Es erscheint auch wunderbar, daß man überhaupt imstande war, Kinder mit so unvollkommenen Gemischen groß zu ziehen, und erklärt sich nur durch das große Anpassungsvermögen des kindlichen Organismus.

Ein Mangel dieser Verdünnung mit Wasser fällt sofort ins Auge. Nicht nur der Gehalt an Eiweiß, sondern auch der an Fett und Zucker wird in demselben Verhältnis verringert. Bezüglich des Zuckers half man sich mit Leichtigkeit, indem man käuflichen Milchzucker zusetzte, und den hohen Fettgehalt hielt man in früherer Zeit nicht für wesentlich. Die Wichtigkeit des Fettgehalts für die Verdauung des

Kaseins wurde zuerst von Biedert erkannt, dessen Rahm=
gemenge sich als sehr nützlich erwiesen haben. Der Grund=
gedanke dieser Mischungen liegt darin, in erster Zeit dem
Säugling ein Gemenge von Rahm, Wasser und Milchzucker
zu geben, und allmählich das Wasser immer mehr durch
Milch zu ersetzen.

In dieser Weise kann man die drei wesentlichen Be=
standteile der Milch in denselben Verhältnissen erhalten, wie
sie in der Frauenmilch durchschnittlich vorhanden sind. In
letzter Zeit hat man häufig den Prozentsatz von Eiweiß in
diesen Gemengen noch weiter herabgesetzt; so berichten
Schloßmann und Moro in Dresden mit Mischungen von
Eiweiß, Fett und Zucker im Verhältnis von $1:3:6$ sehr
gute Erfolge erhalten zu haben.

Die Verdünnung mit Wasser erscheint nicht sehr vor=
teilhaft, wenn man auch gleichzeitig auf die Mineralstoffe
Rücksicht nimmt. Anscheinend sollte ja in der Kuhmilch
nach dieser Richtung hin reichlich gesorgt sein, denn der
Gehalt an Mineralstoffen ist erheblich. Nach Untersuchungen
von Escherich werden jedoch die Kuhmilchsalze vom Säug=
ling schlecht ausgenutzt, was wohl darin begründet ist, daß
ein großer Teil der Kalksalze sich im ungelösten Zustande
befindet. In Rücksicht hierauf tut man besser daran, die
Verdünnung mit frischer Molke an Stelle des Wassers vor=
zunehmen.

Im übrigen muß man sich wohl vor jeder schablonen=
mäßigen Ernährung hüten, denn die Bedürfnisse der Säug=
linge sind verschieden. In Fällen, in denen die Ernährung
Schwierigkeiten macht, kann nur der Arzt durch Beobachtung
Aufklärung über die notwendigen Veränderungen gewinnen.

Wenn es sich nur darum handelte, aus der Kuhmilch
ein Gemenge zu machen, dessen Zusammensetzung der Frauen=

milch annähernd ähnlich ist, so könnte man über diese Schwierigkeit wohl hinwegkommen; in Wirklichkeit liegen die Verhältnisse komplizierter, und zwar namentlich durch die Tätigkeit der allgegenwärtigen Keime, zu deren Betrachtung wir nun zurückkehren müssen.

Man mag die Kinder an der Brust ernähren, man mag ihnen rohe oder sterilisierte Kuhmilch zu trinken geben, im Verdauungskanal sind Bakterien vorhanden und müssen auch wohl vorhanden sein.

———

Es wurde früher erwähnt, daß die Anzahl der Keime in der Milch nur nebensächlich sei, wesentlich aber die Art der Keime. Das darf nicht dahin verstanden werden, als wäre es beim Melken gleichgültig, ob die Milch mit Bakterien übersät wird oder nicht. Wir haben vielmehr alle Ursache, einen geringen anfänglichen Keimgehalt der Milch als erstrebenswert zu betrachten; hierauf muß die Aufmerksamkeit gerichtet sein.

Da sich in den Ausgängen der Zitzenkanäle immer Bakterien befinden, so ist es üblich die zuerst gewonnene Milch nicht in den Melkeimer laufen zu lassen. Soweit das Euter in Betracht kommt, nimmt der Bakteriengehalt der Milch nun ab, und bei gesundem Zustande des Euters ist die erhaltene Milch bald frei von Keimen. Dahingegen treten fortdauernd Keime von außen in die gemolkene Milch hinzu; sie stammen aus der Luft, vom hereinfallenden Schmutz, vom Eimer sowie andern Gefäßen usw., sodaß die in den Kannen befindliche Milch nun eine Auswahl von Bakterien, Hefen und Schimmelpilzen enthält. Auch das ist von keiner großen Bedeutung, wenn es sich nur um harmlose Keime handelte; da wir aber Grund haben in vielen Fällen die Anwesenheit schädlicher Keime anzunehmen und wir diese von den unschädlichen nicht trennen können, so ist die erste und wichtigste Regel, bei der Gewinnung der Milch so zu verfahren, daß der Keimgehalt möglichst gering ist.

Die Milch, die kalt gehalten worden ist, verrät in ihrem Aussehen nach dieser Richtung hin nichts, wir können sie auch keiner Untersuchung unterwerfen, ehe wir sie trinken, und wenn man über den Ursprung der Milch nichts weiß, so gibt es kein anderes Mittel der Sicherheit als die Ab= tötung der Keime durch Erhitzen. Daher denn die Agitation der Ärzte, die bewirkt hat, daß seit 20 Jahren kaum ein Säugling mit anderer als erhitzter Kuhmilch ernährt worden ist.

Man versprach sich hiervon eine große Abnahme der Magen= und Darmkrankheiten.

In einer kürzlich erschienenen Statistik des Deutschen Reichs ist die Anzahl der Todesfälle, welche durch Darm= krankheiten und Brechdurchfälle in Orten mit 15 000 und mehr Einwohnern im Laufe von 20 Jahren stattgefunden haben, wie folgt angegeben.

Es starben auf je 100 000 Lebende berechnet:

in Jahrfünft 1882/86 . 253,1 Personen,
,,　　,,　　1887/91 . 258,2　　,,
,,　　,,　　1892/96 . 256,6　　,,
,,　　,,　　1897/1901 287,8　　,,

Da jedoch in demselben Zeitraum die Gesamtzahl der
Todesfälle, in derselben Art berechnet, von 2583 auf 2046
zurückgegangen war, so ergab eine prozentuale Zusammen=
stellung der Todesursachen an Darmkrankheiten folgende
Zahlen:

im Jahrfünft 1882/86 .   9,79 v. H. aller Gestorbenen,
   „   „   1887/91 . 11,00 „ „ „ „
   „   „   1892/96 . 11,82 „ „ „ „
   „   „   1897/1901 14,06 „ „ „ „

Man weiß, daß die hier berücksichtigten Krankheiten
hauptsächlich dem Kindesalter eigentümlich sind, und kann
nicht umhin den Schluß zu ziehen, daß die Verhältnisse sich
in den letzten 20 Jahren nicht gebessert, sondern verschlechtert
haben. Da wir keine Statistik über die Anzahl der Brust=
kinder gegenüber den Flaschenkindern haben, so ist es un=
möglich zu sagen, inwieweit etwa eine Abnahme in der
relativen Zahl der Brustkinder hier mitgewirkt haben kann.

Die Erhitzung der Milch hat zur Folge gehabt, daß
eine Übertragung von Infektionskrankheiten durch Keime in
der Milch verhindert wurde. Diese Krankheiten spielen aber
im ersten Lebensjahre überhaupt keine große Rolle; eine Ab=
nahme der Darmkrankheiten, die man mit Bestimmtheit
erwartet hatte, ist offenbar nicht eingetreten.

Da wir es hier sicher mit Bakterienwirkung zu tun haben,
so wollen wir nun die Gesamtwirkung der Bakterien,
wie sie sich in der Milch äußert, noch einmal in Betracht
ziehen.

Ist die frisch gemolkene Milch von normaler Be=
schaffenheit, oder wie man in der Technik sagt, hat sie keine
Milchfehler, so muß sie sich selbst überlassen sauer werden
und in eine gleichmäßige Dickmilch verwandeln, in der sich

Milchfäure gebildet hat, aber keine wahrnehmbaren Zer=
fetzungen der Eiweißkörper ftattgefunden haben. Wir wiffen,
daß hier derjenige Keim gewirkt haben muß, der als die
fpezififche Milchfäurebakterie bezeichnet war und der wahr=
nehmbar nur den Milchzucker angreift, wenn es auch felbft=
verftändlich ift, daß jeder Keim zum Wachstum ebenfalls
ftickftoffhaltiges Material nötig hat.

Die Verhältniffe find hier fonderbarer Art; unterfucht
man die Luft des Kuhftalles, fo hält es fehr fchwer, gerade
diefen Keim zu finden; dasfelbe ift der Fall, wenn man fich
eine Probe aus der foeben gemolkenen Milch nimmt. Wartet
man aber einige Stunden, dann ift die fpezififche Milch=
fäurebakterie in der Milch auch reichlich vertreten. Es ift
alfo ein Keim, der hier einen geeigneten Nährboden gefunden
hat, auf welchem er den Kampf mit anderen Keimen er=
folgreich aufnehmen konnte. Kommt die Bakterie aus der
Milch heraus, fo ändert fich die Sachlage fofort. Andere
Keime finden jetzt beffere Exiftenzbedingungen, und die
Milchfäurebakterie wird verdrängt; fcheint fich auch den
neuen Exiftenzbedingnngen gemäß in ihren Eigenfchaften zu
verändern, denn wenn fie nun wieder in die Milch gelangt,
fo braucht der Keim einige Zeit, um feine frühere Wirkfam=
keit zu entfalten.

Wir wiffen aus den vorher befchriebenen Experimenten,
daß durch Erhitzen die Milchfäurebakterien abgetötet wurden
und eiweißzerfetzende Keime ftark zur Entwicklung gelangten,
und wir wollen jetzt den Vorgang bei der Verdauung fo
betrachten, als ob nur diefe Art Bakterien vorhanden
wären. Die Eiweißbakterien der gekochten Milch und das
Eiweißferment des Darms, Trypfin genannt, haben eine
gewiffe Ähnlichkeit in ihrer Wirkung infofern, als beide das
Eiweiß in lösliche Produkte verwandeln, nur gehen die Zer=

setzungen der Bakterien unter Umständen viel weiter und es bilden sich in manchen Fällen schädliche Produkte. Die Fermente, die von den Drüsen abgesondert werden, wirken ziemlich rasch, und was von ihnen gelöst ist, geht durch die Darmwand in den Säftestrom des Körpers, sodaß es der ferneren Wirkung der Bakterien entzogen ist. Die Wirkung der Fermente läßt aber mit der Zeit nach, und ist noch reichlich unverdautes Eiweiß vorhanden, so wird dies ein Raub der Bakterien.

Falls im Darm des Säuglings tatsächlich keine anderen Keime vorhanden wären, als solche, die aus der erhitzten Milch stammen, so würde es mit der Gesundheit desselben sehr trübe aussehen; glücklicherweise kommt ein anderer Umstand hinzu, nämlich die Infektion von Keimen aus der Luft. Bei der Aufnahme der Nahrung wird immer Luft mit verschluckt, und wenn diese auch aus dem Magen wieder entweicht, so bleiben doch Keime zurück. Die Wirkung dieser Luftkeime geht dahin, annähernd die Verhältnisse einer unerhitzten Milch wieder herzustellen. Man kann sich davon überzeugen, indem man sterilisierte Milch ohne Rahmschicht in einem offenen Gefäß der Wirkung der Luft für einige Zeit aussetzt und dann die hineingelangten Keime bei passender Temperatur, 30 bis 40 Grad, zur Entwicklung kommen läßt. Der Einfluß einer Kellerluft ist von dem einer frischen Luft sehr verschieden, in letzterer scheinen meistens diejenigen Keime vorhanden zu sein, welche in der Milch imstande sind, die Wirkung der Eiweißkeime zu hemmen.

In der rohen Milch sind wir nicht ganz sicher, wie der Verlauf des Bakterienkampfes sich gestalten wird; es treten auch abnormale Fälle ein, namentlich geben Krankheiten der Kuh Veranlassung zu schädlichen Zersetzungen. In der erhitzten Milch wissen wir auch nicht, welchen Verlauf die Eiweiß=

zersetzungen im Darm nehmen werden. Tatsächlich ist bei
beiden Arten von Ernährung die Anzahl der Darmkrankheiten
sehr groß. Alle Verhältnisse, welche den Zustand des Säug=
lings beeinflussen, müssen sich als Nebenwirkung hier geltend
machen. Für unsere klimatischen Verhältnisse kommt wesent=
lich das Aufsteigen der Temperatur im Sommer in Betracht.
Geht das Thermometer stark in die Höhe und erschlafft der
Körper, so muß auch die Sekretion der Verdauungssäfte
hierunter leiden; dahingegen sind die Bedingungen für das
Wachstum der Bakterien nun nach jeder Richtung hin be=
günstigt.

Man weiß aus den Erfahrungen in der Milchtechnik,
daß man bei warmem Wetter auf eine viel größere Anzahl
schädlicher Keime in der Milch zu rechnen hat, als bei kühler
Witterung der Fall ist. Auch nach dem Erhitzen befinden sich
jetzt viel mehr Sporen von Eiweißkeimen darin, die sich später
entwickeln. Aber nicht nur dies, die Luftinfektion hat sich
ebenfalls sehr zu Ungunsten des Säuglings verändert, und
namentlich wenn die Kinder sich in dumpfen, schlecht ven=
tilierten Räumen aufhalten. Durch alle diese Verhältnisse
ist die Konkurrenz zwischen den Fermenten und Bakterien im
Verdauungskanal nun derartig verschoben, daß weitgehende
Zersetzungen des Eiweiß stattfinden müssen. Treten jetzt noch
durch mangelhaft zusammengesetzte Nahrung Störungen im
Verdauungsprozeß ein, so ist der Zustand für den Säugling
ein sehr trüber. Es wird daher erklärlich, daß an einem
heißen Sommertage häufig sechsmal so viele Kinder an
Darmkrankheiten zugrunde gehen, als an Wintertagen.

Zur möglichsten Beseitigung der Unsicherheit im Verlauf
des Verdauungsvorganges hat Verfasser bereits vor Jahren
in Vorschlag gebracht, der erhitzten Milch nach dem Erkalten
eine geringe Zahl von Milchsäurebakterien wieder zuzufügen,

welche dazu dienen sollen, das zu üppige Wachstum der Eiweißkeime zu hemmen. Dieser Zusatz kann geschehen, indem man sich besonderer Kulturen bedient, wie dies heute in der rationellen Butterfabrikation geschieht, oder man kann etwas saure Dickmilch verwenden sowie auch frische Butter=milch. Selbstverständlich will man hier keine Säuerung der vorher erhitzten Milch erzielen, sondern der geringe Zusatz soll erst später bei dem Verdauungsvorgange in Wirkung treten; dabei muß auch bis zum Ablauf des Verdauungsvorganges genügend Milchzucker vorhanden sein, welcher diesen Keimen als Nahrung dient.

Fassen wir nun das Resultat der vorangegangenen Be=trachtungen zusammen, so sieht man, daß Fett und Milch=zucker nicht nur ihre besondere Bedeutung als Nahrungs=mittel für sich haben, sondern daß sie auch die Verdauung des Eiweiß mit beeinflussen; das Fett nur mechanisch durch Herstellung eines lockeren Kaseingerinsels, welches von den Fermenten schnell gelöst wird, und der Zucker als Nähr=stoff für eine Gattung von Bakterien, welche zu weit gehende Zersetzung des Eiweiß zu hemmen imstande sind.

Hier mögen zwei Bemerkungen Platz finden. Wenn man den Kindern saure Dickmilch geben will, so tut man nicht gut daran, die rohe Milch unbekannten Ursprungs der Säuerung zu überlassen. Wie früher erwähnt, hat man über den Ablauf des Vorganges keine Sicherheit, und es finden mitunter unerwünschte Zersetzungen statt. Es ist besser, die Milch bis zum Kochen zu erhitzen, dann möglichst bald zu kühlen und, da es an passenden Kulturen von Milchsäurebakterien für den Hausgebrauch fehlt, so kann man auf 1 Liter Milch einen Eßlöffel voll frischer Butter=milch, auch etwas mehr, zusetzen. Man decke das Gefäß zu und warte den Verlauf ab.

Die rohe Milch soll nur getrunken werden, wenn sie noch frisch und süß ist, niemals aber wenn sie bereits schwach säuerlich geworden ist. Neben den eigentlichen Milchsäurekeimen, von denen hier so oft gesprochen worden ist, kommen noch andere Keime vor, die außer dieser Säure schädliche Zersetzungen des Eiweiß herstellen. Diese Art Bacterien scheint in der schwach säuerlichen Milch häufig reichlich vertreten zu sein.

Es ist wohl selbstverständlich, daß man allerlei Versuche angestellt hat, um die Bakterien in der Milch zu töten, ohne diejenigen Veränderungen zu erhalten, welche durch Erhitzen hervorgebracht werden.

Da Kälte hemmend auf die Entwicklung der Keime einwirkt, so sollte man meinen, daß langandauernde Kälte auch zur Abtötung führen könnte, doch sind die Bakterien nach dieser Richtung hin offenbar wenig empfindlich. Man kann Milch im gefrorenen Zustande tagelang halten, und wenn man wieder auftaut, so wachsen die Bakterien als ob ihnen nichts geschehen wäre. Bei einem Versuche wurde Milch 6 Stunden lang bei 60 Grad unter Null gehalten; soweit die Untersuchung durchgeführt wurde erscheint es, daß die Bakterien auch dies gut überstehen können. Nach dieser Richtung hin muß man also jede Hoffnung aufgeben.

Unterwirft man die Milch einem starken Drucke, so vertragen die Bakterien dies ebenfalls. Empfindlich sind sie allerdings gegen mechanische Verletzungen, es hält nur schwer, ihnen solche in der Milch zuzufügen. Es gelang Verfasser, bei einem gelegentlichen Versuch durch Schleudern eines feinen Milchstrahls unter starkem Druck gegen eine feststehende Fläche 10 Proz. der Keime abzutöten; das ist nur als ein Experiment interessant, für die Praxis ist die Methode zu unsicher, auch wenn sich unter Umständen bessere Erfolge erzielen ließen.

Es lag in der Richtung der Zeit, daß der elektrische Strom auch hier versuchsweise angewendet wurde; für die= jenigen, welche die Eigentümlichkeit der Fortleitung des elektrischen Stromes durch Flüssigkeiten kennen, war die Er= folglosigkeit ohne Versuche klar.

Etwas mehr hätte man sich von der Anwendung des Ozons versprechen können, da dies mit gutem Erfolge für die Sterilisierung des Wassers von Siemens & Halske be= nutzt wird. Die stark oxydierende Wirkung des Ozons, welche die Bakterien abtötet, hat in der Milch die unan= genehme Nebenwirkung, zur Bildung von Fettsäuren Ver= anlassung zu geben und dadurch eine Gerinnung des Kaseins zu bewirken.

Nachdem die chemisch wirksamen Strahlen des Lichtes für Heilzwecke mit Vorteil verwendet waren, lag es nahe, auch einen Versuch zur Abtötung von Keimen in der Milch zu machen, wie dies von Dr. Seiffert in Leipzig geschehen ist. Es ist anzunehmen, daß die Lichtstrahlen des Induktions= funkens, der hier zur Anwendung gebracht wurde, wie alle Strahlen dieser Gattung nur eine Oberflächenwirkung haben und hierdurch die praktische Verwendung schwierig wird.

Eine mehr durchdringende Wirkung haben allerdings die Kathodenstrahlen, zu denen auch die Röntgenstrahlen gehören; die Bakterien in der Milch scheinen sich aber von ihnen nicht beeinflussen zu lassen. Das viel besprochene Radium, das verschiedene Gattungen von Strahlen aussendet, gibt hier ebenfalls kaum zu Hoffnungen Anlaß.

Da nun auch der Zusatz von Konservierungsmitteln zur Milch ausgeschlossen ist, so kommt man wohl oder übel zur Erhitzung als einzig sicheres Verfahren zur Abtötung der Keime zurück.

Für diesen Zweck soll die Erhitzung möglichst hoch sein, um aber chemische Veränderungen der Milch zu vermeiden, sollte die Erhitzung niedrig sein. Beides läßt sich nicht vereinigen, sodaß man sich zu einem Mittelweg entschließen muß. Für den Hausgebrauch genügt das einmalige Aufkochen, langandauernde Erhitzung bei Dampfentwicklung führt zur Bildung des sehr unangenehm riechenden Schwefelwasserstoffes. Für Gemische zur Säuglingsernährung hat sich der Soxhletsche Apparat sehr bewährt; er ist auch zu bekannt, um eine Beschreibung zu erfordern.

Es wird mitunter empfohlen, die Milch stundenlang bei Temperaturen von 60—70 Grad zu lassen. Das hat verschiedene Nachteile, denn man findet fast immer Bakterien in der Milch, die bei diesen Temperaturen noch recht gut gedeihen, auch muß hierbei ein Aufrahmen und Zusammenschmelzen des Fettes stattfinden.

Die vielfach gemachte Beobachtung, daß Kinder bei Ernährung mit erhitzter Milch weniger gut gediehen sind als bei roher Milch — was sich vielleicht durch die, in der vorangegangenen Betrachtung angegebene, Methode beseitigen läßt — hat den Wunsch rege gemacht, rohe Milch benutzen zu können. Die Ausrottung der Tuberkulose unter den Rindern erschien daher auch von diesem Gesichtspunkte als ein erstrebenswertes Ziel, zu dessen Erreichung v. Behring einen Weg eingeschlagen hat, der für die Behandlung der Milch ein besonderes Interesse bietet.

Der Grundgedanke dieses Verfahrens ist folgender. Tuberkelbazillen, welche von einem erkrankten Menschen abstammen, werden auf einem künstlich hergestellten Nährboden, der Bestandteile des Rinderblutes enthält, längere Zeit kultiviert. Die später eingetrockneten Kulturen werden mit einer schwachen Kochsalzlösung verrieben und den Kühen, die vorher auf ihren Gesundheitszustand untersucht sind, in die Blutbahn am Halse eingespritzt.

Ebenso wie bei der Tuberkulineinspritzung wird auch hier eine Temperaturerhöhung des Körpers beobachtet, die nach einigen Tagen wieder auf den normalen Stand zurückkehrt. An der Impfstelle bildet sich eine Entzündung, die Tiere aber erkranken nicht, sondern haben jetzt einen Schutz gegen die ferneren Angriffe der Tuberkelbazillen in ihrem Körper, sie sind also hiergegen immun.

Gewöhnlich werden diese Schutzimpfungen nur bei Kälbern im Alter von 3 Wochen bis 4 Monaten gemacht; soweit darüber etwas veröffentlicht ist, scheinen die Resultate sehr gute zu sein.

Man kann sich eine Vorstellung von dem Verlauf der Behandlung machen, die an die Kuhpockenimpfung erinnert, wenn man annimmt, daß die Tuberkelbazille sich während ihres Wachstums auf dem künstlichen Nährboden in ihren Eigenschaften verändert hat, und in Erwägung zieht, daß ein jeder Organismus als Funktion seiner Lebenstätigkeit Stoffe erzeugt, welche für denselben Organismus in ihrer Ansammlung giftig sind, daher die Vermehrung dieses Organismus hemmend beeinflussen müssen.

Die veränderte Tuberkelbazille scheint sich in dem Körper des Rindes nicht weiter zu verbreiten, sie erzeugt aber einen Stoff, der sich im Blutstrom verbreitet und dem Tiere

eine Widerstandsfähigkeit gegen die Angriffe der Tuberkel=
bazille verleiht. Man hat derartigen Stoffen den Namen
Antikörper gegeben, weiß freilich nichts von ihrer chemischen
Zusammensetzung und hat nur Grund zur Annahme, daß
sie mit den Eiweißstoffen in irgend einer Weise ver=
bunden sind.

Substanzen, welche sich im Blute befinden, können auch
in die Milch übergehen. Hierauf stützt sich die Absicht,
welche v. Behring gegenwärtig verfolgt, durch Milch von
immun gemachten Kühen auch Kinder, die mit solcher Milch
ernährt werden, gegen die Angriffe des Tuberkelbazillus zu
schützen.

In wieweit dies erreichbar ist, läßt sich vorläufig nicht
übersehen, man kann nur wünschen, daß diese mühevollen
Arbeiten schließlich von Erfolg gekrönt sein werden.

Jeder, der sich mit Studien der Milch beschäftigt,
erhält den Eindruck, daß die frisch gemolkene Milch noch
Eigenschaften des lebenden Körpers in sich trägt und erst
nach dem Erhitzen zu einem toten Körper wird. Eine er=
hebliche Bestärkung erhielt diese Anschauung, als Babcock in
den Vereinigten Staaten nachwies, daß frische Milch im=
stande ist aus dem Wasserstoffsuperoxyd etwas Sauerstoff
frei zu machen, während dies in gekochter Milch nicht der
Fall ist. Eine derartige chemische Tätigkeit kommt der
lebenden Zelle zu oder den von ihr gebildeten Fermenten.
Einige Jahre später wies Babcock nach, daß auch in der
Milch ein Ferment enthalten ist, welches ähnlich eiweiß=
lösende Eigenschaften hat, wie das früher erwähnte Trypsin
des Darmsaftes. Es lag nahe diesem Fermente, welches
den Namen Galactase erhielt, die Einwirkung auf das
Wasserstoffsuperoxyd zuzusprechen; auch das Ferment wird,
wie alle Stoffe dieser Art, durch Erhitzen zerstört.

Von dieser Eigentümlichkeit der Milch, die man als die Sauerstoff-Reaktion bezeichnen kann, hat man in der Technik Gebrauch gemacht, um rohe Milch von erhitzter zu unterscheiden. Man setzt außer dem Wasserstoffsuperoxyd noch einen Stoff hinzu, der von frei werdendem Sauerstoff gefärbt wird, z. B. Paraphenylendiamin; die rohe Milch färbt sich dann blau, und die Färbung bleibt aus, wenn die Milch über 80 Grad erhitzt war.

Die Sauerstoff-Reaktion erhielt eine bessere Aufklärung durch eine Untersuchung von Bartel im wissenschaftlichen Laboratorium der Actiebolaget Separator in Schweden. Wurde die Milch erhitzt und nach dem Erkalten frisch gewonnene weiße Blutkörperchen zugesetzt, so konnte man die Blaufärbung durch das angegebene Verfahren wieder zum Vorschein bringen. Es wurde bereits früher erwähnt, daß weiße Blutkörperchen bei der Bildung der Milch in diese eintreten und immer darin vorhanden zu sein scheinen, am häufigsten in erster Zeit nach der Geburt. Wird die Milch zentrifugiert, so bildet sich an der Innenseite der Trommel eine schlammige Masse, in welcher die weißen Blutkörperchen reichlich vertreten sind, ebenso in dem nach der anderen Richtung sich abscheidenden Rahm, in der Magermilch aber weniger.

Ganz dasselbe Verhalten zeigt sich bezüglich der Sauerstoffreaktion der zentrifugierten Milch. Bartel war daher berechtigt den Schluß zu ziehen, daß entweder die weißen Blutkörperchen oder ein von ihnen abgeschiedenes Ferment der Milch die Eigenschaft der Sauerstoff-Reaktion verleihen.

Man hat in den letzten Jahren auch beobachtet, daß möglichst keimfrei gewonnene frische Milch in einem beschränkten Maße die Eigenschaft besitzt, Bakterien abzutöten; man nannte dies die bakterizide Eigenschaft der Milch.

Untersuchungen hierüber sind von verschiedenen Seiten gemacht worden, und wenn sie auch nicht immer einwandsfrei erscheinen, so muß man doch den Schluß ziehen, daß eine Eigentümlichkeit der Milch nach dieser Richtung hin vorhanden ist. Bei einer früheren Gelegenheit wurde hier der Anschauung Raum gegeben, daß die weißen Blutkörperchen der im Euter befindlichen Milch ihre bakterientötende Wirkung äußern, und so ein weiteres Eindringen der Bakterien verhindern. Eine weitere Folge dieser Anschauung wäre, daß die weißen Blutkörperchen ihre Tätigkeit auch in der gemolkenen Milch noch auf kurze Zeit fortsetzen können; allerdings werden sie sehr bald erlahmen, da sie einer fortdauernden Erneuerung bedürfen. Eine schwache bakterizide Wirkung der frischen, möglichst keimfrei gewonnenen Milch wäre hierdurch erklärbar.

Man kann in der Bedeutung der weißen Blutkörperchen in der Milch noch weiter gehen.

Es ist bekannt, daß den Brustkindern eine viel größere Widerstandsfähigkeit gegen Krankheiten zukommt, als den Flaschenkindern. Dies mag in der mangelhaften Zusammensetzung der Kuhmilch begründet sein; es ist aber nicht ausgeschlossen, daß bei der Ernährung an der Brust aus der Muttermilch weiße Blutkörperchen für den Blutstrom des Säuglings geliefert werden, um so der eigenen Produktion desselben zu Hilfe zu kommen, sodaß das Brustkind hierdurch eine größere Widerstandsfähigkeit erhält. Für diesen Übergang liegen die Bedingungen sehr günstig. Im Magen kommt das Kasein zur flockigen Gerinnung, schließt weiße Blutkörperchen ein und schützt so viele derselben vor der Einwirkung des sauren Magensaftes. Im Darm werden sie durch Auflösung des Kaseins ausgelöst und gelangen durch die dünne Darmwand in den Säftestrom des Säuglings.

Es muß jedoch erwähnt werden, daß für die hier gegebene Darstellung über die Bedeutung der weißen Blutkörperchen in der Milch genügende Beweise zurzeit nicht vorliegen; andererseits wäre es befremdend, wenn diese, namentlich in erster Zeit so massenhaft auftretenden, Organismen nicht auch ihre besondere Bestimmung für die Ernährung haben sollten.

———

Die Frage der besseren Milchversorgung hat sich in allen Ländern in den Vordergrund des Interesses gedrängt, wozu die große Kindersterblichkeit die Veranlassung gegeben hat. Man ist überall bestrebt, Verbesserungen einzuführen, es fehlt aber an Klarheit über dasjenige, was zu erstreben ist oder was vorläufig als erreichbar betrachtet werden kann.

Schon vor elf Jahren begann hier die Wohltätigkeit einzugreifen, um den Kindern armer Leute, die natürlich bei der Todeszahl im ersten Lebensjahre am stärksten vertreten sind, sterilisierte Milch zu nominellen Preisen zu liefern. Die Erfolge nach dieser Richtung hin waren recht mäßig. Am meisten geschah bisher in Frankreich, wo die geringe Geburtszahl auch wohl Veranlassung hierfür gegeben haben mag. Man muß aber dabei nicht übersehen, daß in Frankreich auf je 1000 lebend geborene Kinder im ersten Lebensjahre nur 167, in Preußen aber 218 und in Sachsen sogar 283 Todesfälle als eine Durchschnittszahl im Laufe von 10 Jahren ermittelt worden ist.

Die Anzahl der Todesfälle iſt zudem auch gleichzeitig ein Anhalt für die Häufigkeit der Erkrankungen und der mangelhaften Ernährung, deren Folgen oft erſt in ſpäteren Jahren hervortreten. Es iſt ja ſelbſtverſtändlich, daß die Sterblichkeit der Menſchen im erſten Lebensjahre immer am größten ſein wird, denn der zarte Organismus des Kindes kann nicht ſo allen Gefahren trotzen, wie dies ſpäter der Fall iſt. Eine Verbeſſerung der beſtehenden Verhältniſſe läßt ſich ſicherlich erreichen, nur darf man nicht zuviel von dem beliebten Mittel der Polizeiverordnungen erwarten, denn die Polizei iſt beim beſten Willen nicht imſtande, Übelſtände zu beſeitigen, die in den Verhältniſſen begründet ſind. Wünſchenswert iſt ein größeres Intereſſe von Seiten breiter Schichten der Bevölkerung, und Verfaſſer glaubte, daß dieſes Intereſſe durch Verbreitung von Kenntniſſen über Milch auch Förderung erfahren würde.

In den nun abgeſchloſſenen Betrachungen wurde manche Frage berührt, auf die man heute eine beſtimmte Antwort nicht geben kann. Das iſt nicht zu verwundern, denn eine wiſſenſchaftliche Milchtechnik iſt erſt ſeit kurzem im Entſtehen begriffen; ſie hat auch mit viel größeren Schwierigkeiten zu kämpfen als die älteren Gebiete der techniſchen Wiſſenſchaften. Die Behandlung der toten Materie unterliegt einfachen Geſetzen, befaſſen wir uns mit der lebenden Natur, ſo erweiſen ſich unſere gegenwärtigen Kenntniſſe als zu mangelhaft, um die komplizierten Vorgänge auf Grund derſelben Geſetze auf= klären zu können.

Zum wiſſenſchaftlichen Studium der Milch müßten viele Gebiete der Naturwiſſenſchaft herangezogen werden, und die vorgeſchrittene Technik zur Verwertung der Reſultate. Bei der großen Anhäufung der Details, mit denen ſich jeder Fachmann heute vertraut zu machen hat, würde der Zu=

sammenhang verloren gehen, wenn es nicht möglich wäre, aus der Summe der einzelnen Tatsachen Anschauungen zu gewinnen, die den Überblick erleichtern und den Zusammenhang besser verständlich machen. Von diesem Gesichtspunkte ist hier mehrfach Gebrauch gemacht worden mit der Absicht, so das Interesse zu erregen, welches dem Verständnisse zu folgen pflegt.

———